湯川伸次郎

2002年、「奇跡の名車」フェアレディZはこうして復活した

講談社+α新書

「Z再生ストーリー」にあふれる未来へのヒント
――まえがきに代えて

栄光と挫折。名車の歴史には必ず波乱に満ちたストーリーがある。ましてや、初代から数えて五〇年以上続く伝説的名車であれば、なおさらだ。栄枯盛衰を経るなかで、名車はヘリテージを重ね、ブランドとなっていく。日産自動車が世界に誇るフェアレディZというモデルは、その代表例であろう。

二〇二二年夏、日産自動車からフェアレディZの新型が発売される。

一九六九年に初代が登場して以来、今回で七代目となるこの世界的名車は、量産スポーツカーの金字塔として、先代までの累計で一八〇万台を数える大ヒットを記録した。主力の米国市場をはじめ、歴代モデルは世界中から熱い視線を集め、愛され続けてきた。

しかしその輝かしい「栄光」の歴史の陰には、語られてこなかった「挫折」の記憶もある。一九九〇年代後半、日産自動車の経営が苦境にさらされる中、Zはその命脈を絶たれる危機に瀕することとなったのだ。

私は最新型の先々代・先代モデルである五代目・Z33型と六代目・Z34型の商品主管&CPS（チーフ・プロダクト・スペシャリスト＝商品企画長）として、フェアレディZの開発に携わった。そこには名車復活と再生に懸けた者たちの波乱に満ちた物語が秘められていた。

なぜ、Zは存続の危機に陥ったのか？　そして、Z消滅の危機に我々、開発チームはどのように立ち向かい、いかなる成功を勝ち得たのか？　さらに、その先にどのようにZを進化させ、新型Zに名車のバトンを繋げていったのか？

本書は、その開発の助走から前段階、そしてZ復活・再生への道のりを、現場の開発リーダーとして陣頭指揮した私自らが描く「リアル・ドキュメント」である。


その物語の中には二人のキーパーソンが登場する。

ひとりは、初代フェアレディZ誕生に深く関与し、「Zの父」と世界中で呼び親しまれた「ミスターK」こと片山豊氏（二〇一五年に一〇五歳で逝去）である。

もうひとりは、一九九九年、ルノーから日産に送り込まれ、日産V字回復の象徴としてZを打ち出した経営者カルロス・ゴーン氏である。私はこの二人の人物にZを作る過程で計り知れない熱量のモチベーションをいただいた。

先行開発車の検討や新型Z開発のGOサインまでの道程、経営会議の内幕、「トップガン」テストドライバーをはじめとした設計・実験開発の現場の職人魂、そしてZCCA（全米Zカークラブ）の会長（当時）を務めていた〝マッド〟・マイクとその仲間たちとの交流など、記憶に鮮明な話題を凝縮して書き込んだつもりである。Zという一台のスポーツカーの誕生には、さまざまな人々の想いが託されていたのだ。

終章では、日産を五六歳でリタイアした後の私が、大学の教壇や日本電産をはじめ、いくつかの企業で体験した経験から、今後の日本のものづくりに対して提言し、若手エンジニアにエールとメッセージを送らせてもらった。

会社が苦境にある中で、絶版の危機に瀕したスポーツカー復活の「夢」をどのように企画立案し、チームをまとめ上げ、そして遂行したのか。フェアレディZの開発を具体例として、「日本のものづくり」の、いまだ尽きない可能性を若き商品企画担当やエンジニア、そして読者の皆さんに伝えたいと思う。

現在、私はコンサルティング業を営むが、最新のテクノロジーへの知見やプロジェクトマネージメントに触れつつ、今後のモビリティ（移動・自動車産業）の在り方への提言も行った。昔話ばかりではなく、未来に向けてのヒントが本書には盛り込まれていると自負しているので、現場で奮闘する諸氏に耳を傾けていただけたら幸いである。

二〇二二年七月吉日

湯川伸次郎

2001年、アメリカ・デトロイトのモーターショーで発表された「Z33」のコンセプトモデルと著者

2002年、「奇跡の名車」フェアレディZはこうして復活した／目次

「Z再生ストーリー」にあふれる未来へのヒント——まえがきに代えて　3

第一章　Z復活への助走　財務再建とものづくり再生

復活への狼煙　18
Z消滅の経緯　20
アメリカから来たZカークラブの大ボス　22
Zがなくなれば日産がなくなる　24
極秘裏に進められた先行試作車　25
「これだよ、これで良い」　27
役員試乗会にアポなしで持ち込む　29
北米試乗会で確信したDNA　31
グローバルで戦えるブランド　32
ルノーから来た男　34
ゴーンのリストラの真実　36
コンセプトワードにこだわる　38

直感的で長期的な「愛」　40

第二章　新型Z完成　世界で証明したブランド力

組織変更で芽生えた緊張感　44
信念（わがまま）を貫く　45
全米Zカークラブイベント　49
欧州での体力測定　51
聖地巡礼～ニュルブルクリンクへ　53
ポルシェの胸を借りにバイザッハへ　54
アウトバーンで時速二七〇kmオーバー　58
デザイン決定への道のり　60
製造現場の職人気質に訴える　64
デトロイトショーでワールドプレミアム　66
試作車で西海岸を公道テスト　70
新型Zに警官も思わず注目　73

テストドライバーが「神」に見えた瞬間　75

第三章　ものづくり復活　プライドで社内調整を押し切る

マーケティングの常識をぶち破れ　82
ルールは誰のためのものか　84
カタログで未来の顧客を獲得する　86
挑戦的な値付け　90
「Z33型フェアレディZ」ついに発表　91
ミスターKとの旅　94
「日本カー・オブ・ザ・イヤー」を逃す　98
必ずポルシェに追いつく　101

第四章　進化し続けるZ　成功の後に逆風あり

「出して終わり」が主流の日本製品　104

「団塊世代」向けではない 105
ターゲットカスタマーをフォーカスする 106
ロードスターの発表 107
北米マーケットでの大勝利 110
日本の評論家の悪習 111
年度改良を続ける中で最良を目指す 112
Zファンがサポーターに 114
「誰でも成功できた」という陰口 115
ブランドの価値を落とさないために 117
ルノー進駐軍の逆風 119

第五章 最後のZ コストカットと平準化の潮流に抗う

コモディティ(平準)化の波 124
使命感 125
オートメーション化の中でこだわり続ける 127

リンカーンの演説と同じ精神 128
出し惜しみはしない 130
ホイールベースをぶった切れ 131
重量とコストという課題 134
難易度が高いほど燃える 135
若い世代に自主的な創造性を発揮させる 138
関係部門全員をポジティブに巻き込んでいく 139
過去のトラブルに囚われるな! 142
原価低減活動が主流に 145
「原低」の標的となったZエンブレム 146
あるエンジニアのこだわりと挑戦 147
危うくミスジャッジ 149
世界展開でもカスタマーサービスを充実させる 153
サプライヤーとのコミュニケーション 156
名乗りを上げた新たなタイヤメーカー 158
オーディオブランドとのコラボ 160

Made in Japanと日本のものづくりの追求　163
原点回帰　166
社会と共存できなければ存在価値はない　167
Zを卒業　169

終章　日本のものづくりの原点を見た「永守経営」の真実

母校で講演　172
学生たちの目が輝く　174
日本電産で車載事業を立ち上げ　176
的を射た永守流の叱咤激励　178
プロジェクトマネージメントは経営計画と直結する　180
永守経営の神髄　181
厳しくもわかりやすい行動規範　185
向上心が人材を育てる　186
Zの復活ストーリーが日本の競争力を支える　188

顧客ニーズから社会的ニーズへ 189

あとがき 192

主要参考文献 194

第一章　Z復活への助走　財務再建とものづくり再生

復活への狼煙

「Nissan is back with the Z.」(日産はZとともに戻ってきた)。

二〇〇一(平成一三)年一月九日、アメリカ・デトロイトで催されたモーターショーで、時の社長カルロス・ゴーンは新型Zのプロトタイプを前に、こう宣言した。

その瞬間、会場はどよめき、地響きのような歓声が日産ブースを包み込んだ。世界中から詰めかけたプレス陣のフラッシュを幾重にも浴びながら、ショーの最重要人物であるゴーン氏はスピーチを続けた。

「新型Zは最先端のパフォーマンスと人々の記憶に残るような高いデザインクオリティを持つスポーツカーとして、三万ドル以下でお届けする。発売は二〇〇二年半ばを予定している」

日本名「フェアレディZ」は、北米で歴代「Zカー」(ズィーカー)として呼び親しまれてきた。その五代目・Z33型は、発売の一年半以上前にその姿を世界に現し、センセーションを巻き起こす。発売前の花形モデルのプロトタイプが、ほぼ形も中身もそのままで公開されることなど、それまでなかったからだ。

そのZプロトを舞台の脇で眺めつつ、CPS（商品企画長）として開発チームを率いた私は、大きな手応えとともに確信を抱いた。

「いけるな。世界はZを待っていたのだ！」

同時に「先行開発のスタートから六年。長くも短い、濃密な時間だった。だが、まだ発売に向けて気は抜けない」と、名車復活のクライマックスに向けて決意を新たにした。

Zの復活宣言、それは、二〇世紀末から苦境に喘いできた日産自動車の復活宣言でもあった。デトロイトでのお披露目から二ヵ月後の三月上旬、スイス・ジュネーブショーでもZプロトは喝采を浴び、続く五月の連結決算報告で日産は過去最高の利益を叩き出し、ゴーン氏は「V字回復」を高らかに謳い上げた。

さらに続く一〇月の東京モーターショーでもZプロトを展示。日本のファンやメディアの視線を釘付けにした。こうしてZは世界三大モーターショー（かつてはデトロイト、東京、フランクフルトが「世界三大モーターショー」。後にパリとジュネーブが加わり「世界五大モーターショー」となり、現在はさらに北京と上海も加わって、東京モーターショーの存在感は薄れてきている）の檜舞台で、発売前から国内外で大きな期待を集めることとなったのである。

そして二〇〇二（平成一四）年七月三〇日、日産復活の象徴として世界が待ち望んだフェアレディZは、五代目・Z33型として人々の前に登場した。

Z消滅の経緯

かくしてZは「復活」を果たし、販売的にも世界で大成功を収めることになるのだが、ここで疑問に思う方もおられるに違いない。「復活」の前には「消滅」がある。はたして名車・フェアレディZは、なぜ一度「消滅」したのか？

それをお伝えするには、消滅の憂き目を被った四代目・Z32型について述べなければならない——。

今から約三十余年前、バブル絶頂期の一九八九（平成元）年七月に登場した四代目・Z32型フェアレディZは、その先進的なデザインと高性能ゆえに、デビュー当初より世界の賞賛を浴びていた。

それもそのはず、Z32型は「九〇年代で世界トップレベルの走行性能を獲得する」という、八〇年代中盤から後半にかけて始まった、日産の社内意識改革「P９０１活動」の象徴として、当時の日産の持てる技術を結集して誕生したからだ。

専用設計のエンジンはＶ型六気筒ＤＯＨＣ（ダブル・オーバーヘッド・カムシャフト）のツインターボチャージャー付きで二八〇馬力を発生、当時の国産車の最強スペックをいち早く達成した。加えて足回りも先進的な四輪マルチリンク・サスペンションを採用、ブレーキも四輪にアルミキャリパー対向ピストンを持つベンチレーテッドディスクを装備するなど、機能・運動性能ともポルシェをはじめとする世界の名だたるスポーツカーに引けを取らない、まさに「量産スーパーカー」とでもいうべき仕上がりを見せていた。

しかしその半面、車両価格は高騰。かつて歴代Ｚは「廉価でありながら高性能」が売りであったのに対して、Ｚ32型のトップモデルは四万ドル超、日本円でも四〇〇万円を優に超える価格にまで達していた。

加えて、主力市場のアメリカでは、スポーツカーは人気が高く、盗難が多発した。そのため保険料が高騰したのだ。ただでさえ高価格なＺが保険料まで高くなったのでは、購入層が減ってしまうのは当然のなりゆきだった。かくして、バブル崩壊を経て、発売四年後の一九九三年、生産台数は一万台を割ってしまう。

かつて初代Ｓ30型が、輸出を含めた累計生産台数五二万四〇〇〇台と爆発的ヒットを記録（その多くは北米市場）し、その後の歴代モデルも数こそ減りつつも、三代目のＺ31型で三三万台を維持していた。それがＺ32型では一〇年超のモデルライフの中で、累計わずか一六万四〇〇〇台に留まった。

バブルがはじけた日本国内では、クルマ市場の関心はRVやミニバンに移行していった。加えて、Z32型は現在のように他車との共用部品が少なく、専用設計と、まさに「バブルの申し子」というべき存在で、高性能スポーツカーとして憧れを集めはするけれど、次第に人々が足を遠のける存在になっていった。すでにZは「大衆のスポーツカー」とは言えなくなっていたのだ。

さらに日産の全体状況として、八〇年代末からの過剰設備投資のツケや販売の低迷などにより経営は苦境に陥りつつあった。こうした中で、かつて「ドル箱」と言われたZは、次期型の開発の目途も立たず、日産が経営不振に喘ぐ一九九六年、北米でのZ32型の販売が中止され、二〇〇〇年夏には日本国内での生産も中止となってしまう。

しかし、実はこの時、Zの命脈を懸けて、日産内部と外部で同時に次期型Zを探る「ある動き」が始まっていたのである。

アメリカから来たZカークラブの大ボス

Zが、その主力市場である北米での販売停止が決定された一九九五年秋、アメリカ・テキサスから一人の年輩の大男が来日した。男の名前はマイク・テイラー。全米Zカークラブ

（ZCCA）のエグゼクティブディレクター（当時）を務める、まさにビッグボスだ。人は、彼の大胆で気さくな人柄から、親しみを込めて、〝マッド〟・マイクと呼ぶ。

彼をはじめこのZコミュニティのメンバーは、歴代Zと日産ブランドを愛する者たちとして、日産の現地法人も無視できない存在感と影響力を持っていた。日本にもZカークラブはいくつも存在するが、全米Zカークラブの規模は一〇倍、いや、それ以上であろうか。組織の構成は洗練されており、毎年、全米のどこかで年に一度のZカーコンベンション（ZCON）という一週間ほどのお祭りを開催している。

〝マッド〟・マイクの来日目的は二つあった。ひとつは、Zのアメリカでの販売中止を撤回するよう嘆願するため。そしてもうひとつは、「ミスターK」こと片山豊氏の八六歳の誕生日をお祝いするためであった。

「ミスターK」とは、日産本社から一九六〇年にアメリカに赴任後、米国日産（NMC）立ち上げに尽力し、後に米国日産社長となった片山氏の呼び名で、Zの登場以前にピックアップトラックや510ブルーバードを売りまくり、ダットサンブランドを世界に知らしめた功労者である。その後、初代Zの誕生に大きく関与し、全米のZカーファンの間では「Father of the Z（Zの父）」としてその名を知られている。

ミスターKの都内の自宅に〝マッド〟・マイクはいきなり押しかけ、

「やぁ、ミスターK、誕生日のお祝いに来ました」と、アメリカン特有の屈託のなさで挨拶した。そして切り出した。

「アメリカでのZの販売が中止になると言うんですよ。それは困るから、考え直すように、一緒に日産の社長に頼みに行きませんか？」

二つ返事でミスターKもこれに乗り、日産本社へと向かった。それに対応したのが、当時副社長の塙義一氏であった。マイクは熱弁をふるう。

「Zが今まで日産にどれだけ貢献したかわかりますか？　これからも貢献します。でも、五万ドル近くするZは売れません。昔みたいに、誰でも買えるZを作ってください」

ミスターKも言った。

「Zは誰でも買える価格なら今でも売れるんです。元の値段に戻して、みんなで買えるようにしてください」

塙氏は理解を示し、熱心にメモを取りながらも、Z復活の明言を避けた。すでに九六年での販売中止は既定路線で、経営の決定事項だったのだ。

Zがなくなれば日産がなくなる

しかし、彼らはくじけなかった。翌一九九六年秋、再びマイクはミスターKとともに、社長になった塙氏の下へ新たに五人の若きアメリカンを引き連れて訪れた。商品企画の私が、彼らに出会ったのはそのときが初めてであった。

塙氏も忙しくて彼らに全面的に向き合うわけにはいかなかったのだが、Zと聞くと無下にもできない。そこで最初に挨拶した後の対応を、我々に任せたのだった。

私は、Z復活を主張する彼らにこう言った。

「我々も諦めているわけではない。Zがなくなる時は、日産がなくなる時ですから」

すると、彼らは満面に笑みを浮かべて「次があるなら、待てる」と言う。

私は彼らの懐の深さと、Zカーに対する愛情に胸を打たれた。Zがアメリカでこれほどまで深い思い入れを持たれているのであれば、我々の手でZをなくすわけにはいかないし、なくなるわけがない、そう強く思った。

極秘裏に進められた先行試作車

一九九五年春、私は第一商品開発本部のFR（後輪駆動）車主担（課長職）として次期FRスポーツカーを担当することとなった。

ミスターKやアメリカのZカーファンからの熱烈なZ存続への願いを受け取った時、私が彼らに「我々も諦めているわけではない」と言った根拠は、すでに存在していた。日産再生のために、新しいFRプラットフォーム（車台）の開発計画が一九九五年からスタートしていたのだが、その新プラットフォームの開発を隠れ蓑にしてZの試作車・通称「赤いZ」を作り始めていたのである。

日産はこのFRの新しいプラットフォームに社運を懸けていた。日産自動車から想起する車名はといえば、シーマ、セドリック、グロリア、スカイライン、そしてZとGT-R、これらはすべてフロントエンジン・リアドライブ（Front Engine Rear Drive：エンジンが前にあって後輪で駆動する）のFR車である。メルセデスやBMWをはじめ、大排気量FR車は高級車の証であり、日産はFRによってお客様の心を摑み、Fun to driveを提供してきた。

つまり、日産の再生にFRの新しいプラットフォームはなくてはならないものであり、このプラットフォームに開発部門は将来を懸けていたといっても過言ではなかった。

誰とは言えないが、ここで一つの素晴らしい屁理屈を言った人がいる。「プラットフォームのポテンシャルを高めるには車両の目標性能がより高い車を想定した開発を行うべきであり、そのためには次期型Zを仮想目標にして開発を行うべきである」と。

しかし、Zはその時点で経営的に正式にプロジェクト承認がなされていなかったため、プラットフォームの共通部分は通常の開発業務となり、Zにかかわる未確定な部分は終業後のいわゆるアフター5でやるしかない。だが、正直、アフター5にこれほど楽しく仕事をしたのは最初で最後であった。仕事を終えて「ブレスト部屋」(ブレイン・ストーミング・ルーム)に集まってくるメンバーの顔は燃えていた。

今だから言えることだが、試作車はゼロから一台作るのに最低でも一億円はかかり、プロジェクト承認されていない車では、知恵は出せても捻出のしようのない金額だった。そこは当時の常務で商品本部長だった嶋田幸夫氏も暗黙の了解で、名目は「新FRプラットフォームの動性能確認のための実験車」の試作計画書にニヤリと笑って黙って承認印を押し、開発費を捻出してくれたのである。この時のことは今でも忘れられない。

塙氏もそうだったが、日産の従業員全員が何としても作りたいZであるし、何よりも多くのファンが待っているZなのだ。

「いつか必ず実現しなければ」

いささかの焦りとともに、私はこの時、自らに誓った。

「これだよ、これで良い」

「ミスターK」こと片山氏や〝マッド〟・マイクたちと会ってから半年、一九九七年の初春、やっと先行試作車の「赤いZ」ができあがった。私はまず何を差し置いても片山氏に乗ってもらいたかった。場所は栃木にある日産のテストコースで、週末の休みの日にテストコ

テストコースにて、先行試作車「赤いZ」とともに立つ著者と「ミスターK」こと片山豊氏（左）

ースを占有して試乗することとした。

片山氏は、東京から遠路遥々、DSCC（ダットサン・スポーツカークラブ・オブジャパン&フェアレディ（SR&Z）オーナーズクラブ）メンバーの車でやってきた。助手席から杖をついて現れた片山氏は、赤いZを見るなり急にシャキッとして、呆気にとられている我々にお構いなく、あっという間に運転席に収まって赤いZを運転し始めた。

これこそが「Zのある風景」なのだろうが、失礼ながら当時八七歳のご高齢でMTが運転できるのだろうかという心配は無用だったようで、コースを何周かして戻って来た片山氏は、ご機嫌の顔で叫んだ。

「これだよ！　これで良い、すぐに出してくれ！」

片山氏は常々、車とは「人馬一体」であるべきという表現をよく使われたが、誰よりも鋭い嗅覚で、一瞬にしてスポーツカーとしてのあるべき人馬一体感と、ZのDNAを嗅ぎ分けたのだと思う。私はまさに「Zの香り」を片山氏に嗅いでもらいたかったのであり、それさえ伝われば、細かいことを議論する必要はまったくなかった。

Z復活の原動力は、この時、片山氏が私にくれたのだった。

役員試乗会にアポなしで持ち込む

もう一人、大事な人にこの「赤いZ」に乗ってもらった。塙氏である。日産ではその時々のトピックスを体感してもらうために、二ヵ月に一度、テストコースに役員に来てもらって役員試乗会なるものを実施していた。販売間近な開発車、販売開始直後の新型競合車、今後の将来技術を想定して実車化したコンセプトカーなどが対象となったが、これらパドックに並んでいる車両たちとは別に、私たちは倉庫の陰にこの「赤いZ」を隠しておき、事務局を騙して試乗会に紛れて塙氏を乗せたのだ。

塙氏は想定内であったのか、それとも多少の期待を持っていたのか、何も言わずに運転席に収まり、テストコースに飛び出していった。

我々は塙氏が戻って来るのをドキドキしながら待っていた。運転席から降りるなり「よくできている」という言葉を最初に頂いた。同時に塙氏は、「ビジネスとして成功するZでなくては駄目だよ」と言うのを忘れなかった。

実際、塙氏がZのポジションを最も理解していたのかもしれない。経営がどん底の日産において、収益を生まないとみなされているスポーツカーに、社長といえどもゴーサインを出すわけにはいかない。塙氏は「もっと勉強してZ復活を実現するビジネスモデルを考えてみなさい」と言ったのだと思う。

少ない原資を収益性の高い車に重点投資しないと立ち行かない状況の中で、Zはどこへ向かうべきなのか。悶々とした日々が続いていた。

収益性の高い車を作れる体質が日産にはもはやなくなっているのではないか？　昔はZとダットサン・ピックアップトラックがドル箱だったが、儲かる体質になるには日産の経営はすでに限界に来ていることも事実であった。

この時点で私は日産に二〇年勤めていたが、

「とにもかくにも日産の車へのこだわりは凄い」

ということは常に感じていた。一車種ごとに担当する商品主管（部長職）が開発のトップとしてプロジェクトを指揮し、誰にも真似のできない発想とこだわりを持って車づくりを推進する。そのこだわりと情熱こそが商品主管の仕事と資質だと思っていたし、私も早く商品主管になりたいと思っていた。日産の開発部門の中のスーパーエリートが商品主管制度だったのだ。

ただその一方で、皆の個性が強すぎて、日産の将来を、儲けを、誰が真剣に考えているのかわからない、そういう混沌とした状況が当時の日産自動車でもあった。

北米試乗会で確信したDNA

塙氏が試乗した一ヵ月後、私たちは満を持して「赤いZ」をアメリカに持ち込んだ。北米日産のアメリカ人社長や関連する役員、さらに自動車四大誌（『Road & Track』『Motor Trend』『Car and Driver』『Automobile』）と縁の深いモータージャーナリストを赤いZに乗せた。だが、スポーツカーとしての評判は良かったが、誰もが諸手を挙げて賛同してくれたわけではなかった。

再認識させられたことだが、アメリカ人にとって、Zは六気筒でなければZではないのだ。一九七〇年に最初にアメリカに入ったダットサン240Zはポルシェ914の四気筒の値段で六気筒以上の性能が買えたじゃないか——これがまさに一九七〇年にアメリカを席巻したZのDNAなのである（日本は一九六九年発売だが、アメリカ上陸は一九七〇年春）。

私たちもそのことを忘れていたわけではなかったが、Z32は二〇〇〇年八月に生産中止が決まっていたため、間を空けることなく販売を続けるためには、車格的にひとつ下のシルビアのプラットフォームを新FRプラットフォームのレイアウトに変更して、上屋をZにして継承する手を考えたのだ。しかし、浅はかだったと言わなければなるまい。いくらエンジン出力が高くとも四気筒であることに最後まで懸念を持っていたが、まさにそこを痛烈に突いてくる現地評価であった。

さらに、相次いで登場したメルセデスＳＬＫ、ポルシェ・ボクスター、ＢＭＷ・Ｚ３と、性能表現車はすべて六気筒でしっかり作ってきている。私は確信した。

「このような環境の中で、中途半端なＺをアメリカのスポーツカーマーケットに参戦させるべきではないし、Ｚのブランド資産を壊すわけにはいかない」

アメリカにおけるＺのポジショニングを明確に理解できたのが、北米試乗会の一番大きな成果だったのだが、それによってＺ復活プロジェクトはしばらく封印されることになる。逆に言えば、じっくり腰を据えて、日産が誇れるＺ復活に向かう日々が始まったのである。

グローバルで戦えるブランド

商品部門も、もがいていた。商品部門が毎年作成しアップデートする、「グローバルでの中長期の車種展開戦略」の中にスポーツカーが存在しないことは、いかに厳しい経営環境の中であろうとも、日産らしさを見失うことを意味した。

何としてもスポーツカーをラインアップしなければならない。一台に絞ってでもグローバル展開できるスポーツカーを提供し、日産ファンを安心させ、社内的にも私たち、車好きの日産マンのモチベーションを高める必要があったのだ。

それは私たちの間では「ミドルスポーツ」プロジェクトとして「赤いZ」以来検討を進めて来たもので、その固有名詞はGT－Rとなるのか、Zとなるのか、それともまったく新しいスポーツカーなのか、それを明確にしないまま、一九九八年の秋に提案することになっていた。

そして、このプロジェクトは経営会議に提案され、多くのスポーツカーをこよなく愛する多くの役員のサポートの下に企画が無事通過した。車種名は敢えて「ミドルスポーツ」のままであったが、グローバルで展開して戦えるスポーツカーはZしかないと誰もが思っていたし、アメリカで実施した試乗で再確認したポジショニングがこの意をさらに強くしていた。結果として「赤いZ」は日産がグローバル展開できるスポーツカーを開発するための前提として、大いに役立つことになったのである。

これでやっと念願のスタートラインに着くことができた。そして、この直後にカルロス・ゴーン氏が来ることになるのだが、その前に、日産の日本人の役員会で決めたところに、このプロジェクトの価値があったと思う。

一九九八年、私は入社以来憧れていた商品主管に任ぜられた。奇しくも日産の当時、唯一のドル箱車種である北米専用車種・マキシマを担当することになった。

Zから外れるとは思っていなかったが、この車種でドルを稼がないことには日産も危ないし、ミドルスポーツも提案が通ったのに実現しない憂き目に遭う。新人主管にとってはいきなりの極めて責任の重い仕事だが、日産がこのまま凋落の一途を辿ることがないよう、貴重なドル箱であるマキシマをどう成功させればいいのか、新たな仕事に没頭するしかないと決意を固めた。

ルノーから来た男

年が明けた一九九九年、マキシマのアメリカでの試乗会は、カーメル、モントレーの市街地を中心にラグナ・セカというアメリカを代表する名コース（サーキット）を使って、二月から三月にまたいで一ヵ月かけて実施された。大好評のうちに無事終了し、満足感と疲労を抱えて日本に帰ってきたら、その日に偶然、あのカルロス・ゴーン氏が各部門の商品主管を見回りにやって来た。

私はネクタイもせず、デニムのシャツ一枚を羽織って時差ボケ顔でいるところに、ゴーン氏が現れた。

「Are you American?」（おまえはアメリカ人か？）

彼は最初、私をアメリカ駐在の出張者と勘違いしたようだった。

マキシマの試乗会が大成功に終わった話をすると、にこやかな顔をして「Congratulations!」と言って握手してくれた。その時の鋭い目と強い握力が印象的だった。これが私の彼との出会いであった。

カルロス・ゴーン氏は、一九九九年三月にルノーと日産が資本提携し、ルノーからCOO（最高執行責任者）として瀕死の日産に送り込まれた。

かつては「コストカッター」でありつつも「日産をV字回復させた辣腕経営者」と呼ばれたが、その後二〇年以上を経た現在では、「日本の法律を破り、国外逃亡した犯罪者」ということになっている。

だが、私の持つ彼のイメージは、この時も、そして今も「有能で決断力に優れた辣腕経営者」ということに変わりない。

二〇年前の渡米の際は、帰ってきたら会社は無くなっているかもしれないと思うほどの危機的状況であったが、着任早々の彼の鋭い目と自信に溢れた態度に接し、私は「この人なら日産を救ってくれるかもしれない」と直感的な期待を持った。そしてその予感は、的中することとなる。

二一世紀を迎えながら、新しいゴーン体制の下で商品主管の分担が変わった。私はZ、GT-R、シルビアを担当することとなった。日産の誇るスポーツカーブランドの花形モデルたちである。

先の一年間、次期型Zの検討を離れ、ドル箱とはいえミドルセダンであるマキシマを担当したが、それは決して無駄ではなかった。無駄どころかアメリカでのビジネスマナー、ビジネスパートナーやメディアとのコミュニケーションの仕方をしっかりと学ぶことができた。

そして多くの友人ができて、この後一〇年間、Zの開発を続けていくための基本をこの一年で吸収し、私なりの構えを作り上げることができたのは大変貴重な経験であった。入社して二三年目、生まれも育ちも京都の私が、ZとGT-Rを手掛けたくて、名古屋を通り越して東京までやって来た時の夢がついに実現した瞬間であった。

ゴーンのリストラの真実

ゴーン氏が日産の再生プログラムであるNRP（Nissan Revival Plan）を一九九九年一〇

月に発表した直後、私は新型Zのコンセプト提案をすることとなった。自動車メーカーのリバイバルは財務の復活と自動車作り（ものづくり）の復活の両輪があって初めて実現する。

ゴーン氏は、NRPの中で、来て早々に三つの完成車工場と二つの部品工場、計五ヵ所もの工場の閉鎖、二年半かけてグループの人員の一四パーセントにあたる二万一〇〇〇人を削減する計画を発表した。マスコミからは「非情な壊し屋」「コストカッター」とネガティブに批判されたが、彼は決して冷酷にリストラを敢行したのではない。

リストラという行為は日本的には非常にネガティブな、労働者の首切りのように扱われるが、彼のリストラは英語訳の通りの「Restructuring＝再構築」であり、Scrap & Build、即ち非効率な部分を削減し、効率のよい組織に再構築することであった。

そして日産復活のために、彼は数字で明確にわかる財務の改善に加え、自動車メーカーの両輪となるもう一方の「ものづくり復活」のエビデンスを必要としていたのである。

日産にとって大事な車、GT-R、Z、スカイライン、マキシマ、アルティマは彼が日産に来る前にリストアップしていた車であり、その中でグローバル展開ができ、しかもメディアに大きく取り上げられるスポーツカーであるZに目を付けていたのは言うまでもない。NRP完結の年、二〇〇二年がZ発表の計画だったのは、間違いなく彼のシナリオに組み込まれていたのだろう。

水面下で開発を始めた私たちとしても、ミスターKやZCCAメンバーに代表される世界中の多くのZカーファンのためにZを復活させることは、経営危機に瀕した日産に勤める従業員の存在証明であった。そして日産の復活のシンボルとしてZを復活させることほど、私たちのモチベーションを高めるものはなかった。

経営体制の要求と、従業員のものづくりへの思いが、「復活」という言葉で一致したのである。

コンセプトワードにこだわる

組織変更に伴い、商品開発プロセスも変更された。コンセプト提案から始めて、ものづくりの経過報告、さらには発売直前での商品競争力報告までに都合十数回にわたるマイルストーン管理が設定された。このマイルストーンごとに、ゴーン氏が議長を務める経営会議に提案して承認を得るという役割を、商品主管の私が担当することになった。

最初は通訳なしの英語での会議に戸惑ったが、実は英語でやり取りするほど簡潔なことはない。YesかNoか、GoかStopか、結論が曖昧にならないからだ。さらにゴーン氏らしいところは、必要な課題に関してのみ集中して議論することと決めている。だから、出席している副社長（EVP）が本筋から外れる議論を始めると、その時は往々にして自部門のガードを始めることが多かったのだが、すぐに「Stop. Don't waste time.」と言って議論を止めさせる。凄い経営者だと、改めて感じたものだ。

Z復活シナリオの最初のマイルストーンとなった「コンセプト提案」について触れておきたい。ここで提案されたのは次の三つのことだ。

1）お客様

2）商品魅力

3）コンセプトワード

競合する商品に対し、「こんなライフスタイルと価値観を持つお客様に、ユニークで差別化した価値を、これだけの台数・シェアで売る」「その商品のコンセプトをひと言で表現すると、こういう表現になる」。そういうことを、発売三年ほど前に決め、提案するというフェーズである。

とくにコンセプトワードは、対お客様というよりは、社内とチームの目標をわかりやすく表現することでもあり、ここでブレると商品が狙った方向にまとまらなくなる。

だから私はコンセプトワードには大いにこだわった。Zはアメリカが主マーケット（グローバル販売台数の七〇パーセント強を占める）であり、まずはアメリカでZの販売とプロモーションを担当するチーム・メンバーに理解されなければならない。そこで私は、月いちのペースでロサンジェルスにある米国日産に出張し、担当のマネージャーたちとさんざんに議論して半年かけてやっとコンセプトワードを決めた。自分自身でも深く納得のいくものだった。

直感的で長期的な「愛」

Zのコンセプトワードとは、「Lust then Love」である。

「Lust」とは「強い愛情、情欲」と訳す辞書もあるが、私は「Love at first sight」（直感的な愛）と解釈した。

スペックとデザインに一目惚れして新型Zを購入し、乗るたびに性能の高さに感動し、長く愛し続けることができる。そういう新しいZを作ろうという標語である。

目標が高ければ高いほど、言葉で表現すると実現することが難しくなり、チームとして目標を共有できないがゆえに失敗する、という事例は往々にして存在する。だからこそ、この表現にはこだわった。

設計、営業、生産、そして日本、アメリカ、ヨーロッパ、どの立場においても地域においいても、私たちが真に目指すものはひとつである。これ以降、Zは一度もブレずにゴールまで邁進することになった。

第二章　新型Z完成　世界で証明したブランド力

組織変更で芽生えた緊張感

ＮＲＰ（Nissan Revival Plan）の発表から三ヵ月後の二〇〇〇年一月、新たな組織変更が行われた。今までの商品主管が持っていた四つのファンクション（企画、ものづくり、収益、販売）に対する責任を四人の部長職に分担させ、ＣＰＳ（チーフ・プロダクト・スペシャリスト）が企画（商品力）を、ＰＤ（プログラム・ダイレクター）が収益を、ＣＶＥ（チーフ・ビークル・エンジニア）がものづくり（設計開発）を、ＭＤ（マーケティング・ダイレクター）が販売を、それぞれ責任を持って担当することになった。私はＺ、ＧＴ－Ｒ、シルビアのＣＰＳとなったのである。

これはつまり、「今まで新車開発に絶大な権力を握っていた商品主管の四つの機能を四人の部長にシェアして商品開発を展開していく」という組織に生まれ変わったということだ。四つの機能にはそれぞれ内在する論理があり、相反する関係でもあるため、横串でプロジェクトを検証して作り上げていく作業が要求される。たとえば「シェア優先の時は価格を下げて台数を伸ばす」ということも、従来は商品主管一人が決めればよかったのだが、それは自己矛盾を起こしながら商品開発が行われていたということでもあった。

その点、今回の組織編成はそれぞれの達成責任をゴーン氏にコミット（公約）するというもので、CPSであれば商品力（台数）をコミットすることになる。つまり、担当商品が市場で不評であればCPSの責任となり、交代させられることもあることを意味する。同様にPDは収益に、CVEはコストと納期に、MDは価格に責任を持つのである。

こうなると、状況が変わっても勝手に台数も価格も変えられないし、ましてそのために狙った商品力が落ちるのも許されない状況に四人は置かれることとなる。これはまさに、「徹底的に議論して、炙り出した課題をブレークスルーしろ」というゴーン氏の経営哲学に基づいた組織運営であった。

私はこの時、「日産を再生するに相応しい、緊張感のある組織だ」と思ったことを今でも覚えている。

信念（わがまま）を貫く

「緊張感のある組織」、それは新たな闘いの舞台でもあった。開発リーダーとはいえ、一台のクルマを商品として送り出す上で、そうすんなり物事が通ることはない。

私は商品力を高めるために経営会議で「Zは2シーターのみ。それまでのZのように2バイ2（四座席、つまり後席のあるZ）は作らない。その代わりにオープンモデルを作らせてくれ」と主張したのだが、途端に国内営業が大騒ぎしはじめた。曰く、

「数を売るなら四座席のモデルも用意すべきだ」

「そんな数も売れないような、しかもコストの掛かるオープン2シーターのスポーツカーなどやめるべきだ」

私は言った。

「中途半端なスポーツカーは作りたくない。日産復活のシンボルたるZは世界と戦えるスポーツカーでなくてはならない。安ければ良い、安いから妥協する、という考えを捨てなければ、成熟したスポーツカー市場には受け入れられない。しかも今（二〇〇〇年代初頭）のスポーツカーのトレンドは2シーター・オープンなのだ」

ゴーン氏は「三万ドル以下、三〇〇万円以下で作れ」と言ったが、願うところである。そのプライスレンジでスポーツカーの資格要件すべてに妥協せずに作ることができれば、それこそが日産のものづくりの復活になるし、我々日産に勤める日本人の存在証明にもなる。

ゴーン氏のリストラは日本のマスコミからは非難されたが、彼のやったことは無駄の排除と、そこから生じる余剰原資の効率的配置転換であり、まさに財務体質の強化だった。

だが、財務の改善だけでは自動車メーカーの復活はあり得ない。同時に「ものづくりの復活」があって初めて日産リバイバルは実現する。それをZで示そうじゃないかと、改めて我々開発チーム全員で確認しあった。

「世界一クリーン（アメリカの排出ガス規制）で、世界で一番安全（欧州衝突基準）で、そしてポルシェよりも性能の高いZを、グローバル・ワン・スペックで作ろう」と私が熱っぽく呼びかけると、設計チームもやる気と底力を出してくれた。

そんな時、「赤いZ」の試作時から車両開発に携わってきたCVEの水野和敏氏（後のR35型GT‐RのCPS兼CVEの開発リーダー）が、「いくらでやるんだ？」と訊いてきた。

私が「もちろん三万ドル以下でやる」と答えると、「そんなものできるわけないだろう」と激しく怒り出した。企画の長であるCPSと設計開発の長であるCVEがやり合う＝議論し合うのはいつものことだから私は気にしなかったが、水野氏はよほど腹に据えかねたらしく、「湯川の車はしばらくやるな」と全設計に号令をかけて作業を止めてしまったのである。

こちらも売り言葉に買い言葉で、「いつまで止めていられるか、見てようじゃないか」と返したのだが、黙っていたらあっという間に一ヵ月が経ってしまった。

ゴーン氏が望んだCPSとCVEの本気で前向きな闘いではあったが、そろそろ向こうもこちらが折れてくるのを待っているのだろうと思い、私は水野氏に言った。

「この値段で世界一のスポーツカーを作ることで、日産の技術力の高さが示せる。我々が我々の手で日産の復活を宣言できる。今までアフター5でやってきたことの集大成じゃないか」

本音で思うところをぶつけ合い、話し合って、ようやく彼が重い腰を上げた。

CVEの気持ちもわからないわけではない。水野氏の思いは、「良いもの、良い車を作るなら、それに見合った値段をお客様からもらわなければ、安ものづくりの日産としか見られないだろうし、ブランドも育たない」というものだ。それは私も常日頃から痛いほど感じている。それを十分に承知した上で、「今回は復活に懸けるんだから、日産のエンジニアとしてチャレンジしよう。三万ドルは決して安売り価格ではない」というのが我々の結論だった。お互いが「妥協」ではなく「納得」した「結論」を出したのだ。

それ以来、彼は私の顔を見ると、部下たちの前で「湯川はわがままの塊だ」と言って自らのCVEとしての立場を弁護する。私はそれを、ユーザーの代弁者であるCPSが、ユーザーのためにわがままに徹することへの賛辞と受け止めることにした。

かくして開発が始まった。

エンジニアは不幸な性の下に生まれているとつくづく思う。目標が高ければ高いほど、闘争心、チャレンジ精神が沸き起こってきて、無我夢中にものづくりに没頭する。このマインドこそが日産を支えているのだ。

CVEとの議論で改めて確認したことは、多くのZファンが復活を熱望してくれているということだった。それに応えることによって、お客様との信頼関係がより強固になり、Ｚブランドはより強く、逞しく育つ。今の日産の問題は、このマインドがすべての日産商品のものづくりには宿っていないことだと思う。水野氏はこの時の議論があったからこそ、後に彼が開発したＲ35型ＧＴ－Ｒに尋常でないこだわりを見せたのだと思う。

全米Ｚカークラブイベント

商品企画の副社長はゴーン氏の右腕といわれたペラタ氏（Patrick Pélata）だった。彼とはさまざまな場面で対決せざるを得なかったが、彼から学んだことは、「商品企画はバリュープランニングである」ということであり、今では私の座右の銘のひとつとなった。

これは日産のノウハウにもなっているのだが、要は「製品の持っている価値をいかに定量化し可視化して、競合車との優位性を確保し、差別化するか」ということである。これこそがＣＰＳの重要な仕事になるし、Ｚ開発の上で大きな意味を持つこととなった。

ここで少し、Ｚファンの代名詞であり、Ｚ復活になくてはならなかった全米Ｚカークラブ（ＺＣＣＡ：Z Car Club Association）について紹介しておこう。

二〇〇〇年の六月、私はラスベガスで行われた全米Ｚカークラブのイベント（ＺＣＯＮ：

Z-Car Convention）に初めて参加することになった。デザイン本部長（当時）としてゴーン氏に招かれた中村史郎氏と共に、二〇〇二年に発売予定の、未公開の新型Zのデザインの一部分のイメージスケッチをお土産に持参して乗り込んだのだ。このサプライズに会場は大いに沸いた。

一九八八年から始まったZカークラブのイベントは、毎年一回全米の各州を回っていく。そして一週間かけてイベントを実施して交流を深める。日曜日に現地入りして、月曜日から水曜日にかけてホテルのコンベンションホールを使って、自分たちのZをカテゴリー別に並べ、さまざまなカーショーを実施した。そして木曜日と金曜日は近くにあるレーストラックを借り切って、ドラッグレースや、ジムカーナをカテゴリー毎にやって、金曜日の夜がバンケット（晩餐会）となる。

パーティーは一八時頃から数人ごとの丸テーブルに全員着飾って着席し、ディナーを食べながらスタートするのだが、先ほどのショーやレースの三位までの入賞者を表彰し、開催州の代表者たちへの表彰や、我々日本からの参加者の挨拶などで、夜中の〇時を過ぎても終わらない。まさに一大イベントなのである。

ZCCAのメンバーは現在一万人を超えている。その全員が集まるわけではないが、毎回一〇〇〇～一五〇〇人くらいは集まる。彼らは全米（及びカナダ）から集まってくるので、自走もいれば、トレーラーに乗り込んでくる人、先に車だけ送りこんで自分は飛行機で飛んでくる人もいるのだが、一人で来るケースは少なくて、ほとんどが家族連れである。

Ｚは四〇〇～五〇〇台くらい集まるのだが、これだけのＺが一堂に揃うのは壮観だ。なかには、親子三代での参加もある。彼らは永い間Ｚを愛してくれ、そしてこの特別なイベントを楽しんでいる。

Ｚはユーザーとファンのものであり、「作り手の都合」などは副次的なことなのだ。我々がなすべきことは、彼らの期待を裏切らず、期待に応えることである。Ｚをめぐる「文化」とでも言うべき場に立ち会い、そんなことを痛感したＺカークラブイベントへの参加であった。

欧州での体力測定

アメリカでのＺのイベント視察に並行して、欧州では各国をスカイラインＧＴ－Ｒ（Ｒ34型）で走ってみた。目的は「次期型ＧＴ－Ｒのヨーロッパでの戦い方を勉強しよう」という名目であったが、私にとっては「Ｚがスポーツカーの本場でどのようなポジションを取るべきか」という新型Ｚのポテンシャルを探る下調べも兼ねていた。

ポルシェの聖地であるシュツットガルト訪問を軸に、ルートは、フランクフルトをスタートしてニュルブルクリンク～シュツットガルト～デュッセルドルフ～アウトバーン～アムステルダム～アントワープ～パリ～フランクフルトの二〇〇〇㎞だ。

同行したのは、二〇〇〇年当時、私のチームにいた田村宏志氏。後にZとGT－RのCPSとして活躍することとなる生粋のCar-Guyである。私がフランクフルトのホテルにチェックインする二日前に田村君はイギリスに飛び、NMGB（英国日産：Nissan Motor Great Britain）にあるGT－Rを引っぱり出し、列車にGT－Rを積みこんで英仏海峡トンネル（ユーロトンネル）を越え、自走でフランクフルト目指して走ってきた。

私がフランクフルト駅の横にあるマリティム・ホテルにチェックインして、一階にある寿司レストランで食事を始めると、田村君からの電話が鳴った。駐車場に車を入れたということだったが、いったい何キロのスピードで走って来たのだろうか。到着の早さに驚いた。

GT－Rを登場させたのには理由がふたつある。ひとつは日本で最高峰のスポーツモデルであるGT－Rをドイツのアウトバーンで走らせて、性能がこのマーケットで十分に勝負でき得るものかを確認すること。この経験がこれからの日産でのスポーツカー開発のベンチマークになるだろうと考えたのだ。

もうひとつは、バイザッハにあるポルシェの開発センターに行ってスポーツカーについて意見交換することで、その際のお土産としてGT－Rを持参することを約束していた。

聖地巡礼〜ニュルブルクリンクへ

ドイツ・フランクフルトから西北西に一六〇㎞、コブレンツという街の近くにスポーツカーの聖地、ニュルブルクリンクが存在する。一周が二一㎞もある世界一過酷なサーキットである。ここでポルシェが、メルセデスが、BMWが、自分たちの車を鍛えに鍛えるのだ。かくいう我らがGT－Rも世界の強豪たちに倣って、ここニュルブルクリンクで鍛え上げてきた。GT－Rがニュルブルクリンクを開発の拠点として以降、日本のすべての自動車メーカーがニュルブルクリンクに来るようになった。そういう意味では、日産は常に先頭を走ってきたのだ。

私はニュルブルクリンクに初めてGT－Rとともに立った。一緒にいたのはディアク・ショイスマンというニュルブルクリンクのマイスター。彼はGT－R開発の時にヨーロッパ日産に所属してドライバーとして活躍し、現在はレーシングドライバーをしながら、ニュルブルクリンクで一般のドライバーを相手に運転訓練をしている。

着くとすぐに、ニュルブルクリンクを走ることになった。ディアクの横に乗るのかと思ったら、「お前が運転しろ」という。だが、こんな機会は滅多にない。私はステアリング（ハンドル）を握りサーキットに入った。

いきなり全開である。全部で一七二ヵ所あるコーナーをひとつずつクリアしながら、ブラインドコーナーではその名の通り先が見えないので、アクセルを緩めステアリングを早めに戻そうとする。と、ディアクが「もっと踏め！　ステアリングは戻すな」と横からステアリングを握ってくる。

彼は頭の中に全コーナーが入っているのでこんなことができるのだが、何も知らずにニュルブルクリンクに飛び込んだ私は何と失礼なのだろうと、内心思った。その一方で、運転することはかくも楽しいことなのかと改めて実感した。サーキットはヨーロッパでは身近な存在だが、こういう日本では非日常的な場所でも楽しめる車がスポーツカーなのだ。

翌日は土曜日で、いわゆる草レースが行われていた。疾走している車の六割がポルシェで、三割がＢＭＷ、一〇〇台以上の車が爆音を響かせ、草レースと思えないスピードとテクニックで激走している。

「これがヨーロッパのスポーツカーなのだ。ここにＺが登場してこそ、ヨーロッパのスポーツカーの仲間入りを果たすことができる」と確信した。

ポルシェの胸を借りにバイザッハへ

週明けの月曜日に、バイザッハにあるポルシェ本社を訪ねた。ポルシェジャパンの西沢ひろみ氏にお世話になってアテンドしてもらった。彼女のお陰で受け付けはフリーパスで、直接事務所にうかがうと代表GMが笑顔で迎えてくれ、会議室に通されると五名の担当の方々が揃っていた。お互いに自己紹介をすると、同じ仕事をしている面々の気持ちが通い合い、本当に温かく迎えていただいた。

私は率直に、「日産でフェアレディZを担当し、現在まさに開発を始めたところです。ボクスターを性能上のベンチマークとして見ているので、ボクスターの走りについての考え方や狙いを聞かせてほしい」と語りかけ、ポルシェの五人と意見交換を始めた。

彼らによれば、現在、ポルシェはまず911を核にしてラインアップを考える。一九八〇年代後半に提供した928や944はポルシェとは認められていないと言う。一九八九年に発表した先代のZ32型フェアレディZはポルシェ944ターボをベンチマークにして、その性能を超えることを目標に取り組んだのだったが、あれはポルシェではなかったのか。

「911の体型と顔を持っていないと、お客様にポルシェという説得力を与えられなかった」というのが彼らの得た教訓のようだ。まさにポルシェのヘリテージ、DNAそのものということである。

そして「あくまでも911がポルシェであり、ボクスターはもっと気楽にポルシェを楽しんでもらうために作った」ということらしい。

気楽に楽しむポルシェが、我々のベンチマークだったのか？　動揺しながらも、気づかされたことがある。Ｚの基本は、大衆が気楽に楽しめ、そして本気でも楽しめるスポーツカー。その意味で、たしかにボクスターに近い。一方、911に対置し得るストイックなスポーツカーは、ＧＴ‐Ｒなのだ。

彼らが次に連れて行ってくれたのは、敷地内にあるテストコースだった。そこにフル擬装した、ポルシェには似合わない背の高い車がいた。この後、二〇〇二年に発表されることになるポルシェ初のＳＵＶ、カイエンである。

ポルシェには似合わないと言ったが、間近で見ると、まごうかたなきポルシェだ。インテリアも顔も911そのものである。この車はポルシェ以外の車には乗りたくないポルシェ（911）ユーザーのためのＳＵＶということだった。

すでに一万五〇〇〇台の予約が入っているという。一〇〇〇万円を超えるＳＵＶの予約が一万五〇〇〇台とは凄いことだと思う。

そして二〇〇四年秋発売となる911ターボ（997モデル）の横に乗せてもらい、テストドライバーの運転でコースを試乗した。先代の996モデルを試乗したことがあったが、997モデルはそれを遥かに凌ぐ性能にステップアップしていた。

その後、お返しに、彼らのコースでＧＴ‐Ｒに試乗してもらった。さまざまな人が入れ替わり立ち替わり乗っていく。先ほどのドライバーも試乗から戻って来たので、「どうだった？」と訊くと、「Not so bad」（悪くないね）と言う。

微妙な表現に複雑な思いを持ったが、これは決してネガティブな評価ではない。我々はそこでは言わなかったが、ポルシェはGT－Rを二台買って研究しているのだ。911ターボが四輪駆動（4WD）になったのは、まさにその研究成果だった。

こちらの期待する賛辞と彼らの反応のズレは仕方ないこととして、彼らは隠すことも威張ることもなく、懇切丁寧に何でも話してくれた。我々がポルシェはベンチマークだと言ったから、ポルシェ・ファンだと思っているのかもしれない。だからこのホスピタリティなのだろうと思う。ただ、心の内で私はつぶやく。

「私はポルシェ・ファンに間違いはないけれど、ライバルとなる車を作ろうとしているのですよ」

実際に私は、そんな顔をしていたと思う。

ポルシェは、ポルシェのお客様は誰も浮気はしないと信じて疑わない。だから、これだけ車の多様化が進む中で、ポルシェユーザーに911だけしか提供できていないことは自分たちの課題であり、ポルシェのヒエラルキーとラインアップをさらに充実させて、ポルシェユーザーの車種幅と満足度をいっそう充足させようとしている。まさしく「Porsche is Porsche」

なのだ。トートロジーのようだが、彼らにとって、Porsche Worldは誰も侵せないというのが、当然の矜持なのである。

この誇り高さでは意見交換も、ましてや議論もあり得ないという面もあるのだが、ポルシェバッジを付ける車はすべて運転して楽しい車でなくてはならないという考え方が当たり前にできていることに、ブランドとプライドを感じざるを得なかった。

「勝った、負けた」の世界ではなく、お客様とは車づくりの哲学に共感してくれる存在なのだ。これは、新型Zを開発していく上で貴重な示唆となった。

アウトバーンで時速二七〇㎞オーバー

ポルシェを訪ねた後、デュッセルドルフにあるドイツ日産を訪ねた。新型Zと次期型GT－Rのドイツでの販売可能台数の議論をするためだ。

やっと現実的なビジネスディスカッションが始まったというわけだが、各リージョンとの販売台数の議論とネゴシエーションは重要な事前協議事項である。この時に握った台数が、ビジネスを組み立てる上での基盤となる。

ドイツ人は車好きで、かなりの台数を販売できるのではないかと好感触であったが、「GT－Rより先に台数の出るZが早くほしい」と逆にリクエストされてしまった。まずはドイツの販売会社がZを待っていてくれるのは心強い限りである。

ここで我々は、GT－Rからポルシェ911カレラに乗り換えた。ポルシェそのものである911カレラとGT－Rとを、アウトバーンで比較してみたかったからだ。カレラを駆って、デュッセルドルフからヨーロッパ日産のあるアムステルダムを目指した。

翌朝デュッセルドルフを出発し、北に延びるアウトバーン三号線をひた走る。しばらくすると速度無制限エリアが出現し、カレラで最高速トライアルを開始した。二五〇kmまではそれほど難しくない。日本と違いドライバーのマナーも大変よい。追い越し車線で追い越しが終わったらすぐに右側の走行車線に戻るというお行儀のよさであり、理由もなく追い越し車線を邪魔に走っているいかついワンボックスもいない。このルール遵守の精神と走行マナーのよさが、速度無制限の高速道路を世界で唯一、生存させる理由になっているのだと思う。

だが、そのアウトバーンは近年、通行量も工事も多く、しかも速度無制限区間も少なくなり、最高速にチャレンジする機会は減っている。ましてや二五〇kmを超えることなど、なかなか難しい。

直線部に来てやっと邪魔がいなくなった。チャンスだ！ すぐにアクセルを目いっぱい踏み込む。出てくるなよ……と周りの車に注意しながら、時速二七〇kmに達した。ステアリングを握る手に汗が滲み出す。ぎりぎりまで我慢して二七二km表示くらいで限界に達し、ブレーキを踏んで減速する。

最高速を狙うだけならクローズドのテストコースでやればいいのだが、多くの車の流れの中で相対速度をつけながら最高速を体感することは、車の速さと回避能力の高さを実感できる貴重な体験だ。走行車線からいつ車が飛び出して来るかわからない。その緊張感と、長年の経験から積み上がった読みを頼りに、高速道路を驚くほどのハイスピードで走行するのである。

プレッシャーのない環境では何の評価も得られない。アウトバーンで二五〇㎞はひとつの大きな壁であり、二七〇㎞を超えると車から見える景色の流れが確実に違ってくる。

アウトバーンで決定的に大事なこと、GT-Rにできてカレラにできないことが、このトリップで十分に確認できた。GT-Rは先進的な4WDシステム搭載により、高速走行での安定性に秀でるが、その半面、カレラのような危うさと表裏一体となった楽しさはない。こうしてZの、そして日産車の強みとなるべきものが確認できた。これがZの性能を決める時の基本スペックとなるのである。

デザイン決定への道のり

クルマの開発は企画や資格要件の策定、設計だけではない。デザインもまた重要な要素である。企画と並行、または先行してデザインが行われる。そのプロセスは多岐にわたるが、まずスケッチから始まる。何百枚かのスケッチから十数枚を選び出し、さらにその中から選んだデザインを七、八台の四分の一スケールのクレイ（粘土）モデルに再現し、さらに三、四台の実物大クレイモデルに絞り込み、最後にその中の一台を最終モデルとして決定するのだ。

こうしたプロセスをコンセプト提案から約一年半かけて行っていく。その最終モデル決定を「モデル凍結」と称し、ゴーン氏以下スタッフ全員で決定するプロセスを踏む。

一〇年ぶりに開発がスタートしたZということもあり、デザイナーたちの気合の入れようは半端ではなかった。米欧のデザイン拠点が競ってデザインを作り込んできたので、デザインコンペは日本を含めた日米欧三地域の激しい闘いになった。

デザインのイメージは各地域の文化や国民性、そして道路環境が色濃く反映し、アメリカは力強く大らか、ヨーロッパは凝縮感のあるクールさ、そして日本はトラディショナルでシャープなデザインとなった。

デザインを見ると、各地域のライバルとなる車は明らかで、アメリカはコルベット、ヨーロッパはポルシェ、そして日本は、まさしくZそのものであり、各地域でZをどのような環境で、どの車とともに走らせたいかがよくわかるデザインでもある。三地域のデザインの仕上がりは極めて高水準であった。

モデル凍結の議長はデザイン本部長（当時）の中村史郎氏。そして参加メンバーはゴーン氏以下、全副社長と関連役員、そして米欧のデザインセンタートップ、さらに北米日産会社と欧州日産会社のトップ、および関連役員と錚々たるメンバーが顔を揃えた。

まずCPSである私から商品コンセプトを説明し、新型Zは各地域でどの車と競合し、どのようなお客様に買っていただくか、商品の狙いとポイントを説明していく。いわゆる工業製品としての資格要件を前提にしたデザインでなくてはならないことを参加者全員に認識してもらい、造形美だけではない判断ができるようにするのだ。

次に、日米欧のデザイン拠点の各チーフデザイナーからデザインの狙いやキーポイントをプレゼンテーションしていく。アメリカとヨーロッパのデザイナーのプレゼンテーションは熱い。そして参加者全員でデザインチェックと質疑応答である。

それが終わるとディシジョン・メイク（意思決定）であり、全会議メンバーから順次意見を述べていく。すべてのデザイン会議での意見を述べるトップバッターは常にCPS、つまり私である。

正直、会議のトレンドを読めないうちに最初に意見を述べるのはつらいことだが、コンセプト段階から一年半、デザイナーたちとほぼ毎日デザインを見ながら意見交換し、修正を加えてきた経緯から、私はブレることはなかった。私の後に、ゴーン氏以下、参加エグゼクティブ全員が意見を述べる。そして最後に議長である中村氏が全員の意見をまとめ、デザイン部門のトップとして最終デザインを決めるのだが、中村氏がまとめようとした矢先に、ゴーン氏が話を始めた。

「三地域のデザインはすべて力強く素晴らしい出来栄えである。Zとしてこれ以上のデザインは望めないと思う。その上でビジネスとして、マーケットとお客様層を考慮すると、アメリカのデザインの力強さをベースにして、新しいZをデザインしていくのがベストである」

ミシュラン在職時代にアメリカで300ZXに乗っていただけのことはある。アメリカのスポーツカーマーケットをよく知っている。さらにゴーン氏は、「その上で、日本の繊細さもZとして大事なので、そのテイストをどう入れるかも考えてほしい」と続けた。

私は、まさにMade in JapanであるZの意義をゴーン氏は本当によく理解していると思った。ただの車好き、スポーツカー好きなだけではない、Zという車のグローバルでの立ち位置、日産自動車の従業員にとってのZへの想いを理解した上での発言であった。

中村氏と目を合わせたら、中村氏がニコッと微笑んでいたが、まさにゴーン氏が出した結論は、我々がこの会議前に何度も意見交換をして事前に決めた方向性と違わぬものであった。もしズレていたら、中村氏と一緒に引き戻そうと事前に話していたのだが、その必要はなかった。

ゴーン氏が単なる再建屋ではないことを再認識した場面である。これでデザインが決まれば、ものづくりのベースの開発がスタートする。現実として次が見えた瞬間でもあった。

だが、この時、ゴーン氏はデザインを見て、とんでもないことを考えていたのである。

製造現場の職人気質に訴える

このパワフルなデザインを実現するにあたっては製造現場の力が必要だった。この当時から日産ではいわゆる「サイマルテニアス・エンジニアリング」（各部門が連携して一つの製品を作る方法）が実行されていた。設計から出される図面は、製造現場の視点でチェックされていた。

予想していたことではあったが、新型Zの力強さを表現した前後の彫りの深いフェンダーが引っかかった。現場からは「こんなの工場のプレスで打てるわけがないでしょう」「仮に打ったとしても四〜五回のスタンピングが必要だから、そんな予算はもらっていない」という声が上がった。

こういう時は言葉尻を捉えて解決策を考えればよいので、まずは「予算が付けば打てるのね？」と返したのだが、どうも現場ではそんな手のかかることはしたくないようだ。わからないではないが、製造現場の心を摑まえる必要がある。私はある一計を案じた。

日産は生産現場が強い会社で、工場長を頂点に叩き上げの係長たちが現場を仕切っている、いかにも職人気質の強い職場であった。これは一概に悪いことではない。生産品質を高レベルで確保するためには、上位下達のピラミッド組織が有効に働くのである。

ただ、融通が利かないのが欠点でもあった。新型Zの生産は横須賀の追浜工場で計画されていた。私は一九九八年の一年間、マキシマ、セフィーロの商品主管をやった時に、工場でのオフライン式や夏祭りなどのイベントでたびたび追浜工場を訪れていたので、工場長や係長たちとは面識があった。そこで早速、追浜工場に出かけ工場長とプレスの係長と面談して、どうしてもやってほしいと説明した。

彼らは経営者サイドでもあるので、ゴーン氏の決定したデザインが工場でできないとは言えない面もあるわけだが、逆に若造の私に説得されてしまうのも現場への体面上、癪ではあるだろう。

そこで私は、「新型Zのデザインを皆さんに見せて、これをやってくれないとZの大きな売りを損ねてしまうから頑張ってほしいというイベントをしてもいいですか？」と提案したのである。彼らにとっても悪かろうはずはなく、渡りに船の提案となる。

こうして前代未聞のイベントを実施することとなった。実物はまだなく、実物大のクレイモデルしかないので、Ｚの生産が予定されていた追浜工場のラインにひな壇を設置してもらってそれを置いた。そのラインを昼夜二交代で担当するメンバー全員に集まってもらって、全員大会を開いたのである。

まず、工場に対しては二年後に生産される新型Ｚを、しかもクレイモデルで見せた上で、「このデザインは皆さんの手にかかっている」と説明すれば、彼らもやらないわけにはいかなくなる。

最後には、「新型Ｚの生産は我々、追浜工場に任せてください。全員で頑張ろう！」というシュプレヒコールまで起きる熱っぽい決起集会となったのだ。

フェンダーを四〜五回もスタンピングして作ればそれだけコストがかかるわけだが、それ以上に生産ラインの人たち全員のモチベーションが一気に盛り上がった意義は大きい。生産品質そのものに直結するからである。

デトロイトショーでワールドプレミアム

デザイン凍結が終わってからすぐに、ゴーン氏が指示した最終デザインの「玉成(ぎょくせい)」（＝日産独特の言い方でブラッシュ・アップのこと）が始まった。アメリカからデザイナーが常駐し、日本のデザイナーと一緒になって最終デザインを仕上げていく。ほぼ一ヵ月半経ってできあがった最終デザインに、思わず胸が熱くなった。

さらに数週間後にそのデザインをゴーン氏に見せて了解をもらった直後、事件は起こった。ゴーン氏は「このデザインを来年二〇〇一年一月のデトロイトモーターショーに登場させる」と言い出したのだ。

これはとんでもないことなのである。発表までまだ一年半以上もある、機密事項である花形スポーツカーのデザインを、デトロイトという当時、世界最大級のモーターショーで見せるというのだ。

開発チームは全員驚き、悩み、意見を言い合った。だが、ゴーン氏の狙いがわかった瞬間に、「全員で一番良いモノを見せよう!」と一気に準備への勢いが加速した。

ゴーン氏の狙いとはこうだ。

日産は一九九九年一〇月に日産リバイバルプラン（NRP）を発表し、二〇〇二年に世界の自動車マーケットにメジャーとしてカム・バックする。これをいくら口で言っても、データで示しても、最後は「もの」で示さないことには誰も信用しない。

二〇〇一年一月のデトロイトでは、NRPについて改めてショー会場で説明する予定だが、そのシンボルたる「新型Z」を横において エビデンスとしたい。すなわち我々の本気度と真実をデトロイトショーで示したいというのである。

私はこの車を提案した時から、我々日産に勤める従業員の存在証明として、そして日産リバイバルのシンボルとして、新型Zを世界中に示したいとチームの目標と意志を掲げて必死で取り組んできた。その取り組みをこういう形で見せることは、ゴーン氏と我々の狙いが一致する。反対する理由など、何もなかった。

ただ、時間が圧倒的に足りない。デザインが決まったばかりの車を一台、超特急で作るのは至難の業である。しかもインテリアも含めて、人が乗り降りする車だ。それをカーボンや樹脂で一つずつ形を作って、一台の車に仕上げるのだ。現場をはじめ、各部門とも大変な作業であったが、なんとか一一月末にはでき上がり、細部修正をした上で送り出すこととなった。

二〇〇一年初のデトロイトショーに、満を持して新型Zのプロトを持っていくことになった。デトロイトモーターショーは毎年一月の初頭から始まる（当時）。その一、二日前に準備などでデトロイトに入るので、毎年年明けすぐのアメリカ出張となる。しかし今年は特別である。気持ちは昂っていた。

デトロイトに着くと、懐かしいメンバーが揃っていた。二年前の一九九九年三月にモントレーでマキシマの試乗会を成功させてくれた、北米日産の広報の面々である。

「ジョン（英語圏での私のファーストネーム）がマキシマに続いて今度は新型Zを担当して

くれるのは素晴らしいことだ。成功を信じているし、Zを担当できる君は本当にラッキーだ！」と大歓迎してくれた。

マキシマで盛り返し、そして今度はZで飛躍を図ろうとする北米日産の意気込みが伝わってくる。ショー初日の前夜、会場に行き、全員で会場のレイアウトとプレゼンテーションの予行演習をチェックする。明日はきっと会場が大騒ぎになるぞと期待が大きく膨らんだ。

当日はほとんど眠れずに朝いちで会場に着いた。オープンと同時に日産ブースの周りはあっという間にカメラのポジション取りをするメディアに占拠されて埋め尽くされ、我々の入るスペースがないほどの盛況ぶりだ。

呆気にとられていると、後ろから「ジョン！」と声をかけられた。『Road & Track』誌のエディター、サム三谷である。独特の日本語で、Zへのお祝いと期待値を綿々と述べてくれる。今後のためのコミュニケーションをとってくるのは、さすがにアメリカのジャーナリストである。

他にもアメリカのメディア連中やジャーナリストがお祝いの言葉をかけてくれる。さらに見渡せば、顔なじみの日本の自動車雑誌の編集者たちも大勢来ている。改めてこの車と会社への期待の大きさを感じた。

「ウォ〜！」

床が大きく揺れ、地鳴りを伴ったような歓声が沸き起こった。ゴーン氏がZに乗って登場した瞬間である。フラッシュが無数に焚かれ、この瞬間を撮り損なうことがないように全員が身構える。

その居並ぶメディアの連中の顔を見ると、その表情は驚きと喜びが混ざり合った笑顔。すべての人の目がZに集まっている。この時、私は冷静に「デザインはこれでOKだ。あとは中身（性能）だな」と確信した。

約二〇分のプレゼンテーションが終わった後も、熱気は冷めやらぬ状態で、日米のメディアの連中が上気した顔でお祝いに集まってくれた。北米日産の広報の面々も一緒になって、大きな輪ができた。私は一九七六年から自動車作りをやってきたが、かつてなく大きな達成感を味わった一瞬であった。

試作車で西海岸を公道テスト

デトロイトでZは大好評を得て、その年のショーで最も話題となった車に贈られる「2001 Car of the Show」を獲得した。日産の復活も期待感を持って受け入れられることとなった。まさにゴーン氏の描いたシナリオ通りで、あとは現物、その中身をブラッシュ・アップする作業が残った。

アメリカ西海岸でのテストドライブ

我々、開発チームに幸いだったことがもうひとつあった。アメリカでは申請してディストリビューター（販売会社）のナンバープレートを付ければ公道を走ることができる。Zはデトロイトでプロトをお披露目したので、デザインを隠す必要がなくなった。そこで、本番の試作車をカモフラージュ（擬装）もせずに二台持ち込み、西海岸を中心に公道テストを開始することができたのだ。

すべての自動車会社はテストコースを持っており、そのテストコースでほとんどの試験が可能である。テストコースの持つ多様な条件と広さ、限界速度の高さが、その自動車メーカーの車のポテンシャルを決めるといっても過言ではない。だから車もマル秘だが、コースもマル秘なのである。

唯一、テストコースで再現できないのがアップダウンのあるワインディング路で、スポーツカー好きの人々が好んで走る道である。たとえば、箱根のターンパイクに代表される道がそれに相当する。だからヨーロッパではその究極であるニュルブルクリンクにマル秘の車を敢えて持ち込んでテストするのだ。

幸いなことに開発中のZプロトは平気で公道走行ができる。こんなことを誰が想像したであろうか。ゴーン氏もそこまでは考えが及ばなかったのではなかろうか。

新型Ｚに警官も思わず注目

アメリカでのテストドライブは比較車も含めて大編成であった。Ｚの試作車を二台、ヨーロッパ車をポルシェ、ＢＭＷ、メルセデスから一台ずつ選び計三台、日本のホンダから一台、計六台でトリップに出る。

アメリカ人は陽気である。フリーウェイを走るとデトロイトで注目されたＺを見つけて、サムアップ（親指を立ててお祝いする仕草）をし、自分の車でＺの周囲を一周してじっくり眺めていく。危険と言えば危険なのだが、試作車への興味が勝るのだ。

フリーウェイでいきなりパトカーに追い着かれて止められた。スピードが出ていたから仕方ないかと思いながらサービスエリアに入ってＺから降りると、警官は「これが新しいＺか。カッコいいじゃないか」と言って他愛もない質問をしながら観察して去っていく。邪魔しないでほしいと思いながらも、嬉しい出来事であった。

ドライバー交代や、ランチのためショッピングモールの駐車場に入ると、どこからともなく大勢の人が集まって来て、質問攻めに遭う。いつの間にかミニモーターショー状態になったこともあった。せっかくカモフラージュなしでの走行ができていても、これでは仕事にならない。嬉しい悲鳴ではあるが、仕方なくドライバー交代や休憩は敢えて人気のない所を選

加藤博義氏（左）、著者、松本孝夫氏（右）

んですることにした。

　以後は順調にテストを積み上げることができて、スケジュールの消化もほぼ予定通りとなった。何日目かの午前中のドライバー交代の時に、山岳コースから少し外れた未舗装の山間のスペースに六台の車を止めて休息していると、すぐ横の谷間のほうから射撃音が連続して聞こえてくる。何事かと思い、皆でその崖をよじ登ろうとしたら、「Restricted Area; US Army」という看板が目に入った。どうも陸軍の射撃練習場の横に車を止めたようだ。人気を避けるといろんな危険が潜んでいる。幸い的にされるメンバーは一人もなく、無事に第一クールのテストを終了した。

　日産実験部のエースドライバーで「トッ

プガン」の異名を取る加藤博義&松本孝夫以下、テストドライバーたちは、さらにさまざまなコースを求めて全米を二台のZで走り回ることとなる。

ここで得られたデータはすぐに日本に返されてテストコースでチェックされ、それに基づいて車のスペックを修正し、再びアメリカでテスト、というように、確認と玉成を繰り返すサイクルを五回ほど実施することができた。

おそらく彼らはこの半年間にこの二台だけで一〇万マイルは走ったことになるだろう。公道においては途轍もない距離である。これがZの性能を飛躍的に高めることに役立ったのは言うまでもない。

テストドライバーが「神」に見えた瞬間

テストコースに神が降臨した――。本気でそう思った瞬間がある。

「神」とは先述した加藤博義のことである。彼は自動車のテストドライバーとして、日本初の「現代の名工」（二〇〇三年度　厚生労働省）に選ばれるとともに、黄綬褒章で叙勲されている。R32GT-Rの実験開発からZ33／Z34まで、日産の花形スポーツカーのハンドリングを決める「マイスター」として、自動車業界では高名な存在である。

だが、彼がなぜこの賞に足りうるのか、本当のところを知る者は少ない。彼は単なるスキルの高いドライバーではない。「スキルの高い」という人材を挙げれば、F1ドライバーのM・シューマッハやA・セナに勝る者はいないだろうし、それこそレースの世界で活躍すればいい。

加藤博義が凄いところは、彼自身が計測機であり解析マシーンであることだ。その上で運転スキルを伴うから、お客様のあらゆる使用領域での評価が可能なのだ。

発売が近づいてきて問題が起こった。一八インチを履くとタイヤのグリップに対してそれを受け止める車体が負けてしまうのである。シミュレーション上では問題がなかったのだが、恐らく博義は車両が破綻することを想定していたのだろう。

彼の動きは素早かった。まずひと通りコースを走って、問題の起こる場所と状況を見極める。そしてその後、部下にその通りに運転させながら、車の各部の動きを自らの手で触診していく。時にはZのあの狭いラゲッジスペースに這いつくばって、隅々までチェックしていくのだ。

その後、トリムだけでなくシートやインストパネルまで剝がし、車内をほぼ裸状態にして、接着剤や溶接機を使って各部を補強する。そしてまた剝がしたものを付けてコースに飛び出し、戻って来ては補強・確認を繰り返す。その姿は、まるで「車の医者」である。

この時の博義には誰も声をかけられないし、彼もまったく周りが目に入っていない。こんな時に声をかけたら、怒鳴り返されるだけだ。部下はもちろんのこと、私も一度やられた。まさに手術をしている「赤ひげ」先生である。

彼はこれを対策が決まるまで繰り返すのだが、当然のことながらこの結果を設計が図面に落とさなくては生産に繋がらない。

車体を固める担当部署は車体設計である。最初は若い担当者が付いていたが、毎日暗くなるまで博義の「施術」が続き、それから施術部位をコンピューターに入っている構造解析プログラムで検証し、それと等価となる一番効率の良い対策案をシミュレーションで検出して図面化するという作業を毎夜遅くまで続けるのだ。

こうなると、いくら優秀なスタッフとはいえ対応することは難しく、最後はベテランの課長や部長までもが出てきて、総動員で対策を進めることになる。しまいには死人が出るのではないかと思うほど過酷な作業であった。通常一年かけてやることを数週間でやろうとしているのである。

だが、全員の顔が生き生きとしていたのは、ものづくりの原点を体感しているからであろう。油にまみれ汗をかき、楽しくもがくことがものづくりの原点である。まさに日産の誇るべき「現場・現物・現実」、三現主義である。何事もＣＡＤの前に座ってクール＆スマートにできるわけではないのだ。

そうして数週間経ち、博義から「乗ってみてくれ」という電話をもらった。私は急いで厚木のテクニカルセンターから栃木のテストコースへ向かった。栃木の商品性評価路で彼を横に乗せて自分なりに設定したコースと運転パターンで評価していく。私が運転している間、博義はひと言も話さない。彼なりに横で評価できているのだろう。彼はハンドルを握らなくても評価ができるのである。

試乗を終え、「良いじゃないか」と言うと、ニコッと笑って「誰がやってると思ってんの?」と秋田訛りの栃木弁で返してくる。こういう返事が来るのは自信のある証拠である。

運転を替わり、今度は博義の横に座り走行を開始する。

あまり横に乗ったり、乗せたりをしない男だが、私のことは信頼してくれているのだろう。彼の運転はあくまでもスムーズであり、車が横に向く(いわゆるドリフト状態)ことは滅多にない。

ドリフト状態は通常の使用領域から外れることであり、車にとってエマージェンシーであるから、その状態に至らないこと、不幸にも至ってしまったらその後、いかに素早く元に戻れるか、という車作りを我々はしている。これがレースやジムカーナで見せるデモンストレーションとは根本的に異なるところである。

かくして新型Zができあがった。コンセプト提案から三年の成果が、やっと「もの」として完成したのだ。新型Zは間違いなく素晴らしいスポーツカーに仕上がった。

第三章　ものづくり復活　プライドで社内調整を押し切る

マーケティングの常識をぶち破れ

発表まで一年を切り、そろそろ名称を決めなくてはならなくなった。

「何を今さら、当然フェアレディZだろう」

と思われるかもしれない。私も、日本では「フェアレディZ」、アメリカでは「350Z」だろうと疑わずに思っていた。

事実、それまで日本では「フェアレディZ」であったし、海外では「エンジン排気量+Z」の名称で通してきたのである。初代のZが240Z、それ以降、排気量が増えるごとに、280Z、300Zとしてきた。本当に「何を今さら」である。

ところがゴーン体制以降、「グローバルでブランド牽引する商品はグローバル統一ネームであるべきだ」というルールができた。これはブランドイメージが分散しないための常道であり、社命である。松下がパナソニック一本に統一したのもそのためだ。

これにはさすがに困った。当たり前と思っていた名称に、マーケティングの常識が立ちはだかった。しかも、日産の外国人社員はすべて350Z派なのである。たしかに新生・日産を表現するためにも、フェアレディZが350Zになってもよいのかもしれないが、フェアレディZに憧れて入社した私自身は、ここで名前を変えることに強い抵抗があったのだ。

自分の中で自己矛盾を起こしてもいけないので、中立に徹してネーミングのための調査を開始した。

少しでも客観性を損ねることを私が仕掛けてはいけない。調査はごくシンプルに、とにかくあらゆる人に訊きまくった。二〇〇人以上に訊いたと思うが、そうすると二〇～三〇代の人には意外と350Z派が多い。四〇歳以上は圧倒的にフェアレディZ派だった。

この車のターゲットカスタマーは明白で、四〇～五〇代の子育て終了世代（Empty Nesters）の車好きである。だから日本ではやはり「フェアレディZ」でいくべきだ。

だから私は、Naming Committeeでゴーン氏に「グローバルでの名前は350Z、ただし日本のみフェアレディZとする」と提案した。すると、ゴーン氏から、「フェアレディZという名前はスポーツカーには弱くないか？」と言われた。

「市場調査の結果がこうです」では彼に対する答えにはならない。私はこう言った。

「フェアレディZという名前は、日本では英語訳の理解ではなく『日本のスポーツカーの代名詞』として理解されているのです。しかも、ターゲットカスタマーの支持が圧倒的に多いので、日本ではフェアレディZを残したい」

するとゴーン氏はニコッと笑ってＯＫと認めてくれた。かくして「フェアレディZ」の名前は存続することとなった。

ルールは誰のためのものか

もうひとつ気になることがあった。同じくブランド統一の課題の一つであるが、日産車はすべて車両の前後とステアリングの中心にCI（Corporate Identity）マーク、○（マル）の中にNISSANと入ったバッヂを配置しなくてはならず、口の悪い人が「ハンバーガーマーク」と言う、あのバッヂを装着することがルールとして存在した。

しかし、すでに最終デザインではステアリングセンターにZのロゴが入っており、チームの誰もが疑うことなくZバッヂが入るものと思っていた。

だが、ブランドに統一的に取り組む部署には、これが通じない。

ブランドマネージメントは、個別商品を担当する者にとっては厄介な決まりごとを押し付けられるものでもあるが、自動車メーカーのブランドを守り向上させていくためには、なくてはならないものである。

しかし、個人的にもステアリングセンターにはZバッヂは絶対に付けたい。その一方で、「日産ブランドをグローバルに牽引せよ」と役割指名されているZが、日産バッヂを付けるのは当然という見方も確実に存在する。

これにも大いに悩まされたのだが、ネーミングにおいてユーザーサイドに立った適切な理解を示してくれたゴーン氏なので、思い切って当たってみた。私は熱弁をふるった。

「Zはお客様その人一人のための車です。自分以外は誰にもハンドルを握らせたくない車です。セダンやRVなど、不特定多数の人が乗る車は、ステアリングセンターにニッサンマークが入っていて、乗る人たちに日産車であることを知ってもらうべきですが、Zは違う。Zだから購入されるのであり、その気持ちへの感謝のしるしに、ここはZバッヂが装着されるべきだと思うのです。

ただし、Zは街で走ると多くの人が振り返るはずなので、エクステリアの前後には日産で一番大きいコーポレート・バッヂを付けて、見る人に日産車であることを大いにアピールする。これでいかがでしょうか?」

この意見もゴーン氏に受け入れられて、バッヂについてもOKサインをもらった。

当時、私はGT-RのCPSも兼任していたので、「GT-Rにも、『R』バッヂを同じ理由で付けたい」と申し出て、この二台だけはよいということになった。いささか自慢めいた言い方になるが、今のZとGT-RのステアリングセンターにZとRのバッヂが付いているのは、私の「手柄」なのだ。

これは、「ルールは厳しく適用されるべきだが、お客様のために明快な理由があればそれを破って、個別回答も存在し得る」ということの実践だ。そして忘れてはいけないことは、

「そもそもルールはお客様のために存在する」ということなのである。

カタログで未来の顧客を獲得する

カタログはスポーツカーにとっては重要な販売ツールである。ポルシェ然り、BMWも、メルセデスも然り、美しく質の高いカタログを発行している。質の高さは中身だけでなく、それらのカタログの表紙がすべてハードカバーになっていることからも感じ取ることができる。

しかし日産のカタログはA4サイズで、ハードカバーにはしないことが決められていた。さらにページ数の制限もある。なぜ？　と訊くと、「CA（Car-life Adviser、昔で言う自動車セールスマンのこと）が鞄に入れて持ち運びしやすいように、またディーラーの書棚に並べやすいように」という理由であった。これは私流に言うと「お客様のためには破ってもかまわないルール」ということになる。

私は、カタログ全体のコンセプトは「スポーツカーで実現できる世界観」を表現することと考え、かつ「Lust then Love」というコンセプトワードをカタログで表現したいと思った。「Lust then Love」をカタログにどう反映して見せるかについて、宣伝部のカタログ担当と代理店スタッフと議論を重ね、「Lust」をスペック編、すなわち買いたくなる新型Zの性能スペックとデザインをシンボリックに表現することにし、「Love」は世界観、すなわちZを永く愛し続けるために、乗ることの楽しさをラブストーリー風に描き出す、と方向性を決めた。

装丁にもこだわった。カタログとして美しく見せるために、見開きの左右に「Lust」と「Love」のパートを振り分けた。ハードカバーとし、車とその背景を美しく見せるためのバランスを考えて正方形サイズにした。ページ数も増えていき、七〇ページと、従来の日産カタログの社内ルールをすべて破ってしまう一冊となった。

だが、カタログ担当部署である宣伝部の課長と担当者が悩んでいた。「これはまさに自分たちが作りたいカタログであるが、部としてのルールがあるので部長に断っておきたい」というのである。

部下としては当然の態度であるのだが、このタイミングでカタログ製作の内容を部長に伝えれば潰される可能性が高い。誰もが作りたいのに、このタイミングで提案すると「NO」と言わざるを得ない立場も理解できる。結果、私は彼らに「カタログの最終稿ができ上がるまで見せるなよ」と言い含めて進めた。

イレギュラーな進め方だが、「先に許可を求めるよりも、やってしまって仕上がりを見せてから許しを請うほうが簡単である」場合もある。冷や冷やしながらも、カタログ最終稿をワクワクしながら待った。でき上がったものは期待を裏切らない素晴らしいもので、それを持ってカタログ製作会議の最終チェックに臨んだ。

この会議まで宣伝部長も「蚊帳の外」に置かれてきたわけではなく、形が整ってからは課長から少しずつ説明を受けていたので、最終会議に臨むにあたって条件を付けてきた。

「カタログ製作者として、この出来映えに文句のつけようはない。だが、マネージメントとしては私が見過ごしたことになる。よってこのカタログ製作費は、広告宣伝予算の総枠を変えずに、やりくりしてそこに繰り込む」

さすが宣伝部長も言うべきことを言うではないか。形に縛られず良い結果を共有し、メリハリを付けてバランスをとることに私は同意した。

新型Zを発表した時の受注は大変好調で、計画台数の十数倍の受注量であった。そのためにアメリカでは納車が半年待ち、日本ではさらに一〇ヵ月待ちの状況となった。お待ちいただいているお客様には、納車までのしばらくの間、粋を尽くしたカタログでZへの夢を膨らませていただくことになった。私たちのカタログへのこだわりは、お客様に大いに貢献できたと思っている。

このカタログは当然のことながら、通常のカタログの倍以上のコストがかかっていた。しかし、営業と話して、「カタログを欲しいと言われるお客様には分け隔てなく差し上げよう。特にお子さんには喜んで差し上げよう」と約束し、それを徹底してもらった。お子さんは将来のZと日産にとっての大切なお客様となるからだ。

カタログにはさらなる後日談がある。Z33を発表してちょうど一〇年後の二〇一二年、私は日本電産に入社した（終章参照）。私がZを担当していたことは知られていて、「Zの開発話を聞きたい」と言われ、滋賀にある技術開発センターで講演会を行った。日本電産で車載のモーターを担当している人たちは車好きが多く、事業本部全体で五〇〇人弱の中で二〇〇人以上が集まり、二時間かけてZにまつわる「ものづくり」の話をした。

話が終わった後、五〜六人が残っていて、そのうちの二人がカタログを持って現れた。

「高校生の時にディーラーからこのカタログをもらいました。日本電産に入ってZを買って、今は楽しく乗っています」

「まさか湯川さんが来られるとは思わなかったです。ぜひこのカタログにサインしてください」

予想だにしなかったことだが、ディーラーに「誰にでもカタログを渡してほしい」と強くお願いしておいて良かったとつくづく思った。このささやかなやり取りは、私にとって感動的な思い出になった。

挑戦的な値付け

Ｚの価格。これは実に簡単に決まった。というか、事前に価格は決まっていたので、逆に大変苦労したといったほうがいいかもしれない。

ゴーン氏が日産に来て間もなく、片山氏がゴーン氏にお願いに行った。その願いはふたつあって、ひとつはＺを復活させてほしいということと、もうひとつはＤＡＴＳＵＮブランドの復活であった。

その時のゴーン氏の回答は、片山氏によれば、「Ｚは復活させましょう。私は日産を立て直しに来たのだから、まず日産を復活させた後、ＤＡＴＳＵＮを検討しましょう」ということだった。

その時、Ｚのプライス談義が始まって、片山氏は「Ｚは皆に乗ってほしいから二万ドルですね？」と言った。ゴーン氏は「いや三万ドル以下でしょう」と答える。「それでは二万五〇〇〇ドルでいかがでしょう？」「では中間を取って二万七五〇〇ドルですね」という会話があったらしい。

結局、スターティングプライスは二万八〇〇〇ドルになった。三万ドル以下で売ることは最初からの確認事項だったので、まさか三万ドルを超えた価格提案はできる環境ではなかった。もちろん、Ｚのマーケットポジションを確実に踏襲するために論理的に導き出した価格は、三万ドル以下であった。

ゴーン氏と片山氏が北米プライスを握った後、我々は、では日本ではどうしようかという議論をした。

営業的には「三〇〇万円を切ってほしい」と言ってきたが、「二九九万円もバーゲンプライスっぽくてＺの威厳が壊れそうだし、何でも切りのいい車としてはっきりさせよう」と、最終的にはジャスト三〇〇万円という挑戦的なプライスを日本でも実現できた。

そして、新型Ｚは復活の日を迎える。

「Z33型フェアレディZ」ついに発表

二〇〇二年七月三〇日、東京・有明コロシアム。その日は晴天で朝から温度が上がり、真夏日となった。今回の発表会は異例の企画だ。招待したゲストが二〇〇〇人。通常であれば、発表プレゼンテーションは新聞、ＴＶ、自動車専門誌、取り引き先のゲストなど、相手ごとに四〜五回やるのだが、今回は二〇〇〇人相手に一回、一発勝負である。

何から何まで、日産復活を新型Ｚの発表会で知らしめたいという全社の取り組みがそうさせたのだ。

有明コロシアムに着いたのが午前八時。会場に入る前に駐車場を見ると、数多くの歴代フェアレディZが集合している。日本中から集まってくれたZカークラブのメンバーたちの愛車である。新型フェアレディZの発表をまずはファンに祝ってもらいたい、というのも新しい取り組みであるが、よくこれだけ日本全国から集まってくれたものだ。彼らには感謝のしようがない。

一一時から始まる本番に備え、ゴーン氏以下、出席役員と代表部長が集まり、簡単なブリーフィングが始まる。何度もリハーサルを重ねてきたので、やることは明白ではあるが、これほどの素晴らしい会場と大勢のお客様を前にして、冷静にプレゼンテーションができるかどうかは、やはりやってみないとわからない。

新型Zは大勢の同志と仲間と世界中のファンの情熱の結晶である。Zの代弁者として自分がその想いを語る役割であることもわかっているから、不思議と冷静でいられた。

ところがゴーン氏から「Are you nervous?（緊張していないか？）」とブリーフィングの最中に言われてしまった。もちろん「I'm OK, thank you for your concern.（大丈夫です。ありがとうございます）」と返しはしたが、きっと顔は強張っていたのだろう。

発表会のスタートだ。最初にゴーン氏が出て行き、日産にとって大事なスポーツカーの復活と、日産そのものの復活を、通常に増した自信たっぷりの態度と声で高らかに宣言する。

このスピーチの中で今でも強烈に残っている言葉がある。

「Nissan is back」と「Z is soul of Nissan」。

「Zは日産の魂である」という表現は、Zは我々が自らの存在を懸けて日産のものづくりの証明として作り上げたという自負と、まったく同じ意味だったからだ。ゴーン氏はこの機微を深く理解してくれたのである。

ゴーン氏に続いて私のスピーチも無事終了し、全色を揃えた八台の新型フェアレディZの現車見学が始まった。集まった二〇〇〇人のゲストが全員Zの周りを囲む。日本中から集まってくれたZファンの面々、自動車メディアの方々、ともに苦労したサプライヤーの皆さん、そして同僚と仲間が次々に祝福にやってきてくれる。

自動車ジャーナリストの岡崎宏司さんから、「今まで何百と発表会を見てきたが、こんなにも自信と喜びに溢れた発表会は初めて見たよ。本当におめでとう」と言っていただいた。それは、Zに関わった大勢の仲間の苦労が報われた瞬間でもあった。

ミスターKとの旅

アメリカでの発表会を実施すべく、七月三〇日に日本で派手な発表会をやった次の日に、成田から夕方発のANA便（NH006）に乗ってLAに向かった。

アイデアとして、日米同日発表会をやろうという計画もあった。たしかに時差を利用すれば、日本で発表を終えた日の夕方一七時成田発のNH006便に乗れば実現可能であったし、グアムに駐機している会社の自家用ジェット機で飛べばいかようにでもなると、かなり本気で考えられていた。しかし、自家用ジェットだと一二人しか乗れないので、メンツが足りないということで中止になった。

それで、アメリカでの新型Z発表会は、予定通り八月一日にサンディエゴで実施されたのである。もちろん、全米から集まった老若男女に歓喜をもって迎えられたことは言うまでもない。

サンディエゴにはもう一組、Zの復活に欠かせない人たちが集まっていた。片山豊氏とその仲間達である。一九六九年にアメリカで初代Zを発表した時の米国日産の社長が片山氏で、その右腕で実作業をした宇佐美昌孝氏ご夫妻、そして当時の片山氏担当の秘書のジョニー・ゲーブル、さらに片山氏次男の片山光夫氏の計五人が集まり、三台の新型Zを駆使して、西海岸へトリップに出ることとしたのだ。こちらからは、私とZチームの番頭で当時の課長の塚田健一氏が参加した。

片山氏とのトリップのために、ありがたいことに発表直後の新型Zを三台も用意してくれたのは、NNA（Nissan North America：北米日産）広報のティム・ギャラハーという陽気なアメリカ人で、モントレーでのマキシマの試乗会の時に全体を統括していた広報マネージャーだった。

そのトリップのコースとは、サン・ディエゴを出発し、LAを通り越しサンタ・バーバラを抜けてサン・ルイス・オビスポまでが一日目。二日目がオビスポからスポーツカー乗りの大好きなコースである、モロ・ベイを抜けて世界一素晴らしい海岸線パシフィック・コースト・ハイウェイ（PCH）に沿って絶景のビッグ・サーを経由してモントレーまで。三日目がモントレーからサンフランシスコを経由してヨセミテの入り口となるモデストまでという行程だ。

ここモデストで、僕と塚田氏は日本でのイベントがまだ残っていたので片山氏たちと別れ、一日でLAまで新型Zで走って戻り日本に帰ったが、片山氏たちはそれからヨセミテを経由してLAまで走り切ったのだ。

PCHは素晴らしい道である。特にモロ・ベイからビッグ・サーに抜ける太平洋にへばりついた海岸線は、紺碧の海と真っ青なカリフォルニアの空が一体となり、碧一色の世界を切り裂くように一本の白い道が抜けて行く。レッド・ツェッペリンの『天国への階段』ではないが、まさに天国に向かうような、どこまでも限りなく続く碧の世界だ。

そこをスポーツカーで走り抜けることは、スポーツカー乗りにとっては憧れの世界である。サン・ルイス・オビスポから直角に入ると太平洋に行きつくところがモロ・ベイ。その行きついた場所に、太平洋を眺めることができる素敵なレストランがあり、そこでランチをとったのだが、そこのクラムチャウダーが絶品であった。残念ながらレストランの名前を忘れてしまった。

六年後に休暇を取ってこれと同じコースを妻と走破した時もこの店に寄ったが、クラムチャウダーに夢中になって、レストランの名前をメモしておくのをまた忘れてしまった。なので、ぜひもう一度行かなくてはいけない。

トリップの道中、片山氏は私が運転する新型Zの助手席にずっと座って、気持ちよさそうにニコニコしながらビデオカメラを回しておられた。ところがPCHに入り海が見えた途端に、「行け～!」と大声を出して私を煽るようにビデオカメラを構える。片山氏が助手席に乗っておられたので、高速を控えて走っていたのだが、あまりにも素晴らしい海岸道路に出たので、きっと片山氏の血が滾(たぎ)ったのだろう。

私も右足がつりそうなくらい遠慮して走っていたので、お言葉に甘えて右足に力を入れ、Zに相応しいスピードでPCHを走り抜けていくと、景色がまったく違ってくる。まさに、青い空、碧い海、白い道が混然一体となってZを包み込んでくれる。片山氏には本能的にそれが見えたのだろう。私のほうを見て満面の笑みを浮かべて、「気持ち良いなあ」と漏らす、あの時の無邪気な笑顔を今でも忘れることができない。

あまりにも気持ちよく走ったので、ビッグ・サーまで一気に行ってしまい、逆走して後続車を探しに行く羽目になったが、その間も片山氏はニコニコしていた。

片山氏との思い出は数多くあるが、このトリップが私にとっては一番心に残る思い出である。

片山氏は疲れをまったく見せることなく二日目の全行程を終了し、夕方にモントレーに到着した。モントレーのホテルはキャナル通りに面した素敵なホテルだったが、そこからモントレーベイ水族館に向かって少し歩いたところにある、まさにモントレー族が週末に集まりそうな素敵なレストランでディナーをとった。

片山氏は初代ダットサントラックを今日来たコースでテストしたそうだ。

「その時は壊れずに持つかどうかがテストの目的であり、今回のようにいかに楽しく、気持ち良く走れるかを確認するドライブとは、まさに隔世の感がある」

そう、しみじみと述懐しておられた。

全員で片山氏を囲んで、その思い出話を極上の肴に、時間を忘れてカリフォルニア産シャルドネを共に楽しんだことは言うまでもない。

「日本カー・オブ・ザ・イヤー」を逃す

新型Z33のヨーロッパ発売イベントの打ち合わせをドイツで実施し、すぐに日本に戻ってきたら、今度は二〇〇二〜二〇〇三年日本カー・オブ・ザ・イヤー（COTY；Car Of The Year Japan）の選考会が待っていた。発表会で多くの方々に絶賛され、発売後の販売も絶好調で、お客様には納車まで一〇ヵ月もお待ちいただくこととなり、雑誌もZの記事で大いに賑わった。

「今年は間違いなく日産からCOTYが獲れる！」と自信を持って、会場となる山梨県の小淵沢に乗り込んだのである。

毎年一一月に行われるこのイベントは、その年に発売された新車の中から一〇台を「10 BEST CARS」として選び、さらにその中の一台を大賞として「日本カー・オブ・ザ・イヤー」として表彰する。この年は話題性も販売実績も新型フェアレディZに勝る車はないと私は確信していた。選ばれたテンベスト車の中の八台は忘れたが、私としては意外なことに、ホンダ・アコードとの一騎打ちとなった。

まだ売り出したばかりのアコードと、売り出して四ヵ月、日米で絶好調のZとは比べるべくもないはずだったのだが、最終投票でアコードに票が集まった。五九人の選考委員が投票していくのだが、各自持ち点三〇点でトップに一〇点、残り二〇点を各自が評価したトップ以外の車に配分していく。Zは一〇点の得票が圧倒的に多かったのだが、アコードが一〇点をとった場合にはZは〇点ということが多く、結果として万遍なくは点数が取れなかったZは、アコードに負けてしまった。

予想だにしなかったことだ。点数は記名投票であるので、誰がどの車に何点入れたかを一人ずつ会場で発表し、その結果がすぐにわかるようになっていた。アコード一〇点、Z〇点、もしくは一点というジャーナリストが十数名いたのを鮮明に記憶している。大人気ないことは承知の上であるが、私はそれ以来、彼らとは口を利いていない。

会場は各メーカーの車両担当者と広報メンバーが集まり、ごった返していたのだが、ちょうど、我々日産チームのすぐ横にホンダチームがいて、彼らは点数発表のたびに「よしっ！」とか「やった！」とか、とにかく気合が入っている。我がチームはその気合に圧倒されながら、何か違和感を覚えていた。

最終的に大賞をアコードが獲得し、Zは「Most Fun賞」という賞をいただいた。私は表彰式でトロフィーを受け取りに壇上に上がって挨拶をしたが、日産広報の全員が、トロフィーをもらわず挨拶もせずに帰ってくるのではないかと心配（期待？）していたようだ。

大人の車であるZの開発責任者は常に大人の対応をすべきである。私は日産チームの「期待」を裏切る紳士の行動で対応したのだった。

隣でホンダチームの「よしっ！」という気合を聞きながら、獲るべき努力をしなければ獲れない賞なのかもしれないという思いにもとらわれた。ホンダに対しては、そういう強固な意志に敬意を表したつもりだが、「勝った、負けた」の世界に違和感を覚えさせられたことも確かである。

ヨーロッパでのポルシェとの比較試乗の時もそうだったが、「勝った、負けた」は安易に論ずるべきではないと感じたし、その二分法で言い切れるようにつくられた「もの」など存在しないと思うのだ。

表彰式の後、親しいジャーナリスト仲間が数多く慰めに来てくれたが、アメリカの自動車メディアと付き合いができた自分にとっては、メディアのクレディビリティ（信頼性）とは何かを痛切に感じたことでもあった。

この時の日産の広報部長はヨーロッパから来たドミニク・トルマンであった。表彰式が終わった後、彼は私に謝りにきた。彼が謝る話でもないし、私が謝ることでもないと思った。

疑うことなく朗報を待っているチームメンバーにとり急ぎ連絡を入れ、納車されたばかりのマイZに乗り込み、その日は淡々と自宅に戻ったことを思い出す。

その時、私は「もし次世代のZを引き続き担当していたならば、次回はこの会への出席は辞退しよう。そして、いただく賞はお客様が選んでくれる賞だけを心から喜ぼう」と強く決意した。

その後、Z33は世界中でトータル五一もの賞をいただいた。

必ずポルシェに追いつく

以上が、新型Z（Z33）の復活ストーリーであり、日産復活のシンボルとして、開発チーム全員の情熱とプライドをかけた取り組みの記録である。

ただ、日産はたしかに復活を果たしたが、Zの復活は世界のスポーツカーと戦うスタートラインに立っただけだ、と私は感じていた。Zの置かれた立場は、世界のスポーツカーとは歴史も環境も違う。だからZは、作って、世に出して終わりではなく、これからもZを成長させて世界のメジャーに追いついていかなければならないのだ。

その志はいつか必ずポルシェに追いつけるという信念であり、日本のものづくりにかける情熱と意志がある限り、目標は達成できる。

そうなのだ。Zの復活はポルシェと肩を並べて初めて成就される。少なくとも第三世代のZを任された私にとっては、それがゴールとなるべきなのである。そして、幸いにも私は次の六代目のZ34型も担当できることになった。

第三世代の二代のZ（Z33とZ34）を通して「Zの復活」と「日産のものづくりの復活」を完結させようという思いが強くなった。それをどう構築していくか、それがこれからの自分自身のテーマでもあった。

だが、新型Z（Z33型）発表以降、自分のものづくりの意気込みと、ルノー流のビジネスとしての方向性に微妙なズレが生じてくる。それはまた、新たな闘いの始まりであった。

第四章　進化し続けるZ　成功の後に逆風あり

「出して終わり」が主流の日本製品

Zは「作って、世に出して、終わり」ではない。日産復活のシンボルとして輝き続けることが必要なのだ。スポーツカーは常に成長し続けることがグローバルスタンダードであるが、社内ではそのための予算や工数を捻出する仕組みがない。だから、毎年の小変更であるMY（モデルイヤー）制をとりながら、結果として成功できうるビジネスモデルを確立するに至った。

しかし、この取り組みさえも社内で認知されるまでには大変な体力と忍耐力を必要とした。日本製品は往々にして「出して、終わり」で、次の新製品まで惰性で売り切る、いわゆる「打ち上げ花火型」であるのに対して、この取り組みは大きな挑戦でもあった。

そのためにも、新型Z（Z33）の販売実績とユーザー評価を客観的に振り返り、その上でZのライフサイクルのあるべき姿を突き詰めていく作業が必要だった。だが、ここで我々はとてつもなく大きな壁にぶち当たる。

そして、このことから私は製品の誕生から更新までのライフサイクルを意識するようになり、Japan Productとして、日本のものづくりのあるべき姿を考え始めるようになった。

「団塊世代」向けではない

新型Z（以降はZ33）の納車はアメリカでは六ヵ月待ち、しかもPremium Priceが付き、日本では一〇ヵ月待ちとなった。さらに最初のオークションで、アメリカではプラス二万ドル、日本でプラス二〇〇万円の値が付いた。

アメリカでは計画台数の三倍、日本で五倍の販売を記録。フル稼働してもこれ以上は作れない七〇〇〇台／月が限度で、ヨーロッパと一般地域の販売が開始される二〇〇三年の年明け以降、どうなるかが心配になるほどの売れ行きであった。

購買層の顧客クラスターは、四〇〜五〇代を中心とした子育てが終わったスポーツカー大好きの富裕層のユーザーが中心で、スポーツカーに乗りたいと思っていた人たちが一気に来た。

購入層に関して少し補足すると、経済系のメディアはこぞって「団塊世代を狙った商品」と評価したが、これは見当外れだった。たまたま五〇歳以上の年齢層を団塊世代が占めていたというだけで、はなから団塊世代を狙ったわけではない。

Zのターゲットカスタマーは、四〇〜五〇代と三〇代である。前者は子育てが終わって、そろそろスポーツカーに乗れる状態になってきた層。後者は結婚前か結婚してもまだ子供がいないので、それまでにスポーツカーに乗っておこうという世代だ。

そういうライフスタイルを持っているユーザーに、まさにフィットする車がフェアレディZなのである。前者がメインターゲットで、後者がサブターゲットと、コンセプト提案の時に設定した。

ターゲットカスタマーをフォーカスする

一般的に商品、特に車は、ある世代にこだわると商品としての幅が狭くなり、さらに大きな問題としてその世代と一緒に歳を重ねて老いていくことになり、その世代が購買層から離れるとリセットせざるを得なくなる。サニー、ブルーバード、セドリック、グロリアなど、日産の名だたる車の名前が消えていったのもまさにそういう現象であった。

しかし、ライフスタイルに当てた商品は、世の中の価値観が大きく変わらない限り、一定数の購買量が継続して入れ替わって存在する。ましてスポーツカーはシェア一パーセントもあれば十分にビジネスとして成り立つ、いや、成り立たせるべき製品であるから、思い切りそこにフォーカスしたものづくりができるのだ。

逆に、ターゲットを絞り込まない中途半端なことをすると、その製品は淘汰されることになりがちだ。2バイ2（四座席）で購買層を広げようという意図を取り下げ、あくまでも2

シーターのみにこだわったのもそこであった。

Z33は、まさにマーケティングで狙った通りの売れ行きとなった。そのマーケティングとは、フォーカスしたターゲットカスタマーを絞り込んで、そのニーズに突き刺さるものづくりに徹した成果でもあった。

逆に、マジョリティを狙うジェネラルなマーケティングはZのものづくりには不要で、経営会議でマーケティング部署から提案があるたびに、私は当時のマーケティング部署の責任者と経営会議の場で激しく議論をして、「外でやれ」とよくゴーン氏に叱られたものだ。私はカスタマーの懐に深く飛び込まないマーケティングを排したのである。

ロードスターの発表

Z33はクーペのみの発表となったが、当初はクーペもロードスターも同時に発表する予定だった。ロードスターとは2シーターのオープンスポーツカーを総称して呼ぶのだが、すでにマツダに「ロードスター」という名前の2シーターオープンクーペがあった。形状を表す言葉が車名に使われていたので、登録商標には引っかからないが、一応マツダには仁義を切っておこうと、「フェアレディZロードスターの名称は、フェアレディZクーペと形状を区別するために使う」と事前に説明した。

復活にあたって、ロードスターの設定にこだわったのには理由があった。一九九七年、アメリカでスポーツカーマーケットが盛り返し始めた頃に、相次いでドイツから登場したのがBMWのZ3、メルセデスのSLK、そしてポルシェのボクスターという、すべて2シーターのオープンモデルだったからだ。当時、この領域のトレンドはオープンモデルとなりつつあったのだが、あえてZではクローズドのクーペとオープンのロードスターと二車型を用意することとした。

それは、Zの前身である「フェアレディ」がオープンカーであったことと、一九六九年に登場した初代フェアレディZ以降、先代のZ32型で追加されたコンバーチブル以外、Zはずっとクーペモデルで提供してきたからである。

Zは常に2シーターと後席を追加した2バイ2のモデルが用意されたのだが、オープンカーがトレンドになってきたこと、そして中途半端なスポーツモデルを作らないという趣旨のもと、このような車型構成となった。

2バイ2がないことは国内の販売部署から大きな反発があったが、2シーターをあえてストレッチして作る2バイ2はデザイン的にも重量的にも無理があることと、北米マーケットでは2シーターの販売が九〇パーセント以上と、あくまでも本物志向であったことからこのように判断をした。

日本でのそれまでのZの2バイ2の比率は七〇パーセント強と大きかったが、一家に一台の日本のマーケットではあくまでも後席があることは家族への説得材料だったのである。もちろん発表してから多くの方から、「これではZが買えなくなる！」とお叱りを受けたが、兄弟車種である「スカイラインクーペが出てくるので、そちらをお買い上げください」とお願いした。

その後、スカイラインクーペが出た時にZの販売も伸びるという現象があったが、最後は2バイ2が欲しいと言っていたその半数以上の方に2シーターのZをお買い上げいただいたと思っている。結局、スポーツカーは本物でなければならないのだ。

二〇〇三年夏、予定より一年遅れでオープンモデルのZロードスターを発売した。クーペの受注が好評で、ロードスターを同時に発売しても、需要に十分応える生産ができなかった事情もあって遅れたのだが、結果としてこれは成功であった。二車型同時ではなくタイミングをズラして発売したほうが、ビジネス的には有効だった。

Z33ではモデルライフでクーペとロードスターの販売比率は、北米が二：一、日本が九：一といまだ日本ではオープンモデルが馴染まない状況ではある。北米の三分の一がオープンモデルなのは、マーケットシェアがそういう構成であるということであり、クーペだけでなくオープンも加えた二車型で市場展開したこともビジネスとして成功する要因となった。

ちなみに私事で恐縮だが、私は二〇〇二年のZ33発表と同時にまずクーペに乗って、三年後の二〇〇五年にロードスターに乗り換え、一七年経った今でも大事に乗り続けてオープンエアーを満喫している。

北米マーケットでの大勝利

スポーツカーはほとんどが指名買いである。一般の乗用車や家電製品と違い、クロス・ショッピングという、いわゆるスペックと値段を比較しながら候補を絞り込んでいく消費行動とは異なるのが、スポーツカーのお客様なのだ。

アメリカでは350Zを発表してから半年で二万台以上を販売した。これは前年のポルシェ・ボクスター（ポルシェの弟ブランドでオープンモデル）の年間販売台数に相当するが、それでボクスターが姿を消したわけではなく、ほぼ350Zの台数が純増する形で、このスポーツカーマーケットを押し上げた。

だが、さすがにポルシェもBMWも影響を受け始め、一年後には両社とも台数をかなり落とすことになった。ロードスターを発売したと同時に再度、ポルシェの開発拠点であるバイザッハを訪ねようと連絡を入れたのだが、返事をもらえなかった。日産のZをライバルとして意識してもらえるようになったということなのかもしれない。

日本の評論家の悪習

Z33の販売はグローバルでは順調であったが、日本の専門誌からは、「足が硬い」「エンジンがガサツである」という酷評をもらった。たしかに百点満点ではないが、お客様には十分に満足いただける車に仕上がったと判断したから発売したのである。

私は発売開始と同時にZを購入して乗っていたが、街中では多くの人が注目し振り返り、箱根の駐車場ではスポーツカー好きの紳士淑女が集まってきてZ談義が始まるほどであった。

「この車を出した時、何点と思っていましたか？」

と訊かれても、私は「七〇点です」とあえて厳しい評価を率直に伝えたのだが、スポーツカーとして絶対守るべきハンドリング性能を落とさずに当時の技術力でまとめたので、評価は七〇点であってもトータルで十分にお客様に楽しんでいただけると確信していた。実際に購入されたお客様からは非常に多くのお褒めの言葉をいただいた。

ただ、ここで満足していてはならない。発表会の時に「Zは出して終わりではなく、これから進化を続けます」とあえて発言し、お客様に約束したのである。

それにしても、日本の評論家はどうして重箱の隅をつつくのが仕事だと思っている人が多いのだろう。それが専門家のスキルと勘違いしているのかもしれない。お客様の期待を裏切る製品であるなら思いきり叩けばいいが、お客様に喜んでもらえる製品は、批評はしても育てる知見を持ってほしい。もちろんジャーナリストの中でも、大勢の心ある人たちは応援してくれていたのだが。

エンジンと足回りに関して言えば、我々も改善の余地があることは認識していたのだが、残念ながら技術が足りなかった。開発の優先順位を明確に決めていたので、最優先事項の「気持ちの良いハンドリング」が合格点に達した時点でGOとしたのである。

この点は実験部ドライバー・マイスターの加藤博義も一歩も譲らなかった。ここを譲った途端に、すべてのタガが外れてプロジェクトは雲散霧消すると思った。「Zは出して終わりではなく、これから成長を続けます」と発表会で宣言したのは、「作り手の誠意」をお客様に示したかったからだ。

年度改良を続ける中で最良を目指す

そのためには解決策となる技術の開発を続けるしかない。「毎年イベント（一部改良やマイナーチェンジ）を設けて、その時々の一番進んだ技術を取り込むことでやり残したことを達成し、百点に持っていこう」というのがMY（モデルイヤー）制度の基本的な考え方だ。

その一方で、「開発が終わった車にいまだ毎年工数をかける意味があるのか？」と社内的にはコンセンサスを得られないものでもあった。しかし、一番それをやりたいのは設計者その人であり、各自の技術を完結させたいというのは、技術者のものづくりに対しての矜持だと思う。

だから、工数と予算は知恵を出して捻出した。グローバル展開する車は毎年各国の環境・安全レギュレーション（具体的には、安全基準と排気ガス基準）の厳格化に適応する必要があり、そのための予算と工数は事前に確保してあった。この予算を効率よく使って足回りとエンジンのブラッシュアップをすることを可能にしたのである。

要は「予算はあるので基準適応で余った予算は性能改良に使ってよい」という考え方である。「赤いＺ」を作った時は予算ゼロだったので、それを思えば頑張れるはずだ、と。

結果として、設計陣の高いモラルのお陰で、Ｚ33型の六年のモデルライフの間に足回りは三度、エンジンに至っては四度更新することができた。これは一つのモデルの改良としては過去に例がない。そして同時に画期的な成果をもたらした。

商品企画のオーダーに応えてくれたエンジニアの皆さんのチャレンジングスピリットに心から敬意を表したいと思う。

Zファンがサポーターに

このMY制度のもう一方のサポーターはZファンであり、彼らの存在がなければ実現しなかったと思う。というのは、MY制度で国内営業が一番心配したのは、「毎年モデルが変わると前のモデルを買ったお客様の不満が出る」ということだったからだ。

しかし、MY制度の考え方は、「外観は変えずに中身（性能）を熟成していく」ことである。デザイン開発時にデザイナーには、「外観は、時代を経ても手を加えなくてもよいくらいの素晴らしいデザインにしてくれ」と頼んだ。「デザインの時代耐久性を一〇年以上としてほしい」と。

これに対して、最終的に仕上がったデザインは「二〇〇年は持つ」と、彼らは自信を持って提供してくれた。たしかに発売後およそ二〇年経ったモデルを私は乗り続けているが、「親」の贔屓目を割り引いてもデザインはまだまだ長持ちしそうだ。

よって、外観上は変わることなく、我々は中身をどんどん進化させていけばいいだけなので、お客様はその年毎の進化したZを新しいZとして楽しんでもらえる。前に購入したお客様は先に購入した分、Zをより早く長く楽しめたのである。この考え方に最後はお客様が賛同してくださったからこそそのMY制度であり、それがなければ頓挫していたであろう。

		2002 03MY	2003 04MY	2004 05MY	2005 06MY (M/C)	2006 07MY
SOS		7/30	10/1 (R/S追加)	9/8	9/8	07/1/11
Performance	Engine	280PS	-	35th 7000rpm	294ps (M/T)	313ps
	Chassis	-	Sus (Euro)	35th New 18 inch	Sus (DFP) P/S (TOPS) New 18inch	Tire: RE050A
Design	Exterior	-	-	-	Lamp, LED	Grey-top (Hood)
	Interior	-	Refine	Refine	Big change	Add Grey
	Color	-	Requid Silver	Sunshine Yellow	Mystic Maloon	Passionate Orange
Others		-	04/1/25 Type-E	05/1/13 35th Anniv.	06/1/12 Type-G	07/1/11 NISMO

進化の軌跡――Z33のMY年表（主なもの）

「誰でも成功できた」という陰口

Ｚ33は、台数、収益とも目標に対して大幅過達、しかも日産の「ものづくり」復活のシンボルとして、経済誌にも大いに取り上げられた。当初の予想以上の大きな反響があり、プロジェクトとしては大成功を収めた。

発表会や社外試乗会のホスト、メディアからのインタビュー、講演などはすべて私が対応したので、私は社外的にはＺプロジェクトの顔となった。一九九九年の商品主管時代からＺプロジェクトを引っ張ってきたので、自分でも大いに誇れる成果だと自負していた。

そんな時、「このプロジェクトは湯川でなくとも、誰がやっても成功した。なんといっても日産復活のメッセージが乗せられているのだから、お客様はそれだけで喜んで買うよ」というロジックを社内で展開する人が現れた。

たしかに私でなくとも成功させられたかもしれない。だが、復活のメッセージを乗せるだけで売れるわけはないのである。スポーツカーのお客様はそれほど甘くはない。

まず、ものが良いこと。そして機能としての完成度に含蓄があって、そして歴史を積み上げたZのDNAが守り継がれていることである。商品はひとつのセールスポイントだけでなく、多様な要件がそろって、それらが絡み合って、初めてヒットするのである。

いわゆる、「話題性で買う（Halo Effect）という上乗せ分は、アメリカでも日本でも初年度の五パーセントだけであった」ことは、市場調査したデータでも明らかだった。

しっかりしたマーケティングをして、わかりやすく強いコンセプトを作り、Zファンが満足するスポーツカーとしての優れたプロファイルを立て、そしてチーム全員の一丸となった努力があってこそ、このプロジェクトは成功したのだ。

そのことを理解せずに、社内で影響力のある人が根拠のない批評をすることは、心外であり、姑息である。私は、自分の名誉のみならず、日産のものづくりの精神が傷つけられたような気がした。

そしてこれ以降、日産が、成果を出すことに実際に貢献した人たちが、その結果を享受し得ない体制になりつつあることを、憂うことになる。

ブランドの価値を落とさないために

Z33発売から二年、二〇〇四年の夏に、サンフランシスコのダウンタウンからゴールデン・ゲート・ブリッジを渡ったところにあるリゾート・サウサリートを基地として、日産は「NISSAN 360」という大試乗会を実施した。日産がグローバルに展開する全車種・百数十台を揃え、世界中から一〇〇〇名を超えるジャーナリストを招待し、一ヵ月かけて実施するという大規模なものだ。

その目的は、日産がグローバルにきめ細かい車種展開をしていることと、環境性能に真剣に取り組みながら、日産のDNAである「Fun to Drive」をすべての車にメッセージとして乗せていることをアピールすることにあった。

ここに当時の開発トップの大久保副社長とエンジン&パワートレイン部門トップの石田常務が来ていて、三日間行動をともにした。その中で大久保さんから「Zで毎年、一部改良などのイベントをするのは良いことだな」と言われた。石田さんからも「うちの若い連中もZのエンジンをいろいろと更新できて張り切っているよ」との言葉を頂いた。

自部門である商品企画でMY制度を維持するのに苦労していた私にとっては、涙が出るような言葉であった。フランス人支配の商品部門で苦労していることを、このご両人は知ってか知らずかわからないが、少なくとも大久保さんと石田さんにMY制度の良さをわかってもらえたのは心強いことだった。

改めてこのMY制度を確認すると、

「毎年イベントを実施することで、モデルの鮮度を保ち、実勢価格TP（Transaction Price）を高く保ち、インセンティブ（販売奨励金、いわゆる値引き用の資金）を大幅に圧縮し、余ったインセンティブ予算を開発資源に回して、モデルを進化させるための資金を賄うことで、本来不要であるインセンティブの予算をお客様に良い方向で還元する、まさに理想のライフサイクルプランが可能なビジネスモデル」

ということになる。いささか自画自賛的な総括ではあるが、これは「Zだからできた」と言えなくもない。

商品の特性により、やりやすい、やりにくいはあると思うが、要はモデルライフを通しての商品管理を、

1）バリューを付けて商品の鮮度を保ちながら量を落とさずにいくか

2）インセンティブを付けて安売りして量を維持するか

いずれを取るかの選択である。

後者で一番問題なのは、お客様からは常に安売り商品に見られ、間違いなくブランドが育たないということだ。

結果としてZではモデルライフで高い台数が維持でき、少なくともインセンティブは発表後二年目まではゼロで済んだし、その後も限りなくゼロに近かった。

もうひとつの効果は、毎年のイベントが商品の露出に繋がったことである。自動車専門誌もスポーツカーを取り扱うと実売部数が増えるので、イベントごとに雑誌が特集を組んでくれる。こちらからお願いせずとも露出はメディアがやってくれるのだ。いわゆるフリー・パブリシティが活用できるので、販売インセンティブのみならず、広告宣伝費も大きく圧縮できる結果となった。こうして「スポーツカーのライフサイクルプランに基づくビジネスモデル」が完成し、これは次期型開発に役立つことになった。

ルノー進駐軍の逆風

繰り返すが、Z33発売後、私たちはZの輝きをなくすことなく次期型につなげていくために、ライフサイクルプランとしてMY制度を導入して取り組んできた。これは、その段階では達成できなかった性能を当初目標にしていたものに近づけるべく、毎年の更新時に最新技術を投入していくことである。これはエンジニアの矜持でもあり、ユーザーからの共感も得られ、ひとつのビジネスモデルとして確立したかに見えた。

ところが、ここで壁に当たる。Z復活までは、ルノーのものづくりが日産に浸透するまでの「過渡期」であったのだ。新型Z（Z33）発売以降は縦・横・斜めと、全方位のルノーによる「縛り」があからさまになっていったのである。

経営資源効率化のためにコスト削減の嵐が吹き荒れ、部品種類削減、部品の統合化、さらにはサプライヤー選定の自由度も制限され、「過去トラブル不具合撲滅低コスト製品」のオンパレードが始まった。エンジニアの勤務は、製品の魅力向上よりもコスト削減を優先させるものになっていった。

もちろん、過去の日産がこういうことに見向きもしなかったがゆえに破綻したのはたしかだろう。しかし、ルノーの車種構成とは違う日産の、プレジデントからマーチまで（二〇〇五年当時の車種構成）の多様な形態、ニーズを同じ「縛り」で製品開発するというのは、今まで日産を支持してくださった多くのお客様の信頼を失うことになる。そして、このやり方では、新たな創造にチャレンジできなくなるし、若いエンジニアが育たなくなる。

こうした状況では、誰も率先して新しいことをやろうとしない。目標が手の内サイズとなり新しい創造性に向かわない。イエスマンが増殖し、上司の顔色を窺うヒラメ人間ばかりが溢れる。職場の活気が失われる。そういう悪い風土が芽生えつつあった。ゴーン氏の側近たちによる「勘違いした忖度」が日産を侵食していた。

そのような状況下、復活したZの輝きを保ち、次期型につなげる努力は、まさに「ルノー進駐軍」との対峙の様相を呈してくる。私たちには苦しい闘いが待っていた。

第五章　最後のZ　コストカットと平準化の潮流に抗う

コモディティ（平準）化の波

Z33による日産復活から次期型のZ34へ。

このフェーズで、私の日本のものづくりに対するこだわりと世界観ができ上がってきた。日本のものづくりとは、まさに「Made in Japan」であり、「Japan Product」と称するに相応しいものでなければならない。そのエビデンスとしてZ33の後継モデルであるZ34に取り組んできたが、「日本のものづくり」にこだわればこだわるほど、日産ではますますやり難い状況になってきたのである。

私がフェアレディZという日産の看板車種の開発を二世代にわたり続けられたのは、Z復活と日産のあるべきものづくりの伝道師に徹したからだ。通常、日産では同じモデルを二世代続けて開発担当できることはないからである。もちろん、かの「ミスター・スカイライン」こと櫻井眞一郎氏は別であるが、「企画の立ち上げから発表まで」という意味においては、そう言えると思う。

二〇〇五年頃から、「日産の車は喉越しがない」とメディアが囁くようになった。乗った時の体感が薄いということだろうか。たしかにそれは一面の事実だと思った。プラットフォーム（車台）戦略でプラットフォームを集約し車種を絞り込むことで、車両開発の効率化と人材の有効活用ができるようにはなった。結果、日産はやっと利益の出る体質へと変化し、一九九八年のどん底から立ち直ったのである。

経営危機から脱するには常道の手法ではあるが、その一方で、効率化一辺倒のものづくりになってしまったのも事実だ。車種ごとの個性と、ものづくりの醍醐味が薄れる結果となった。

要は、すべての日産車をコモディティ（平準）化し、大量生産・販売を目指すものづくりのやり方であり、まさにルノー流を日産に押し付けたのである。

少なくともフェアレディZは、多くの熱烈なファンの期待に応えるために「個性のユニーク化」を製品価値として開発してきたが、ルノー流を求められる体制下では、このやり方では立ちいかなくなるのは火を見るより明らかだった。

当然、Z33で実施しているMY制度などはあり得ない開発行為になる。このままでは復活したZを、次期型・Z34につなぐ前に消滅危機に瀕することになりかねなかった。

使命感

さらには「効率化」という錦の御旗のもと、過去の「誇り」もことごとく取り除かれていった。御料車・プリンス・ロイヤルの開発中止、TDL（東京ディズニーランド）のスポンサー降板、本社機能も日本は東銀座から横浜へ、アメリカはLAからナッシュビルへ、ヨーロッパはパリからジュネーブへ移転……。これらを提案し実行した人が、「経営効率化」の名のもと、高く評価されるのである。だが私は、社員が会社を誇りに思えるための資産は大切にすべきだと考える。

「効率化」の名のもとに行われたパフォーマンスによって、多くの優秀な人材が去り、誇りという無形の価値も失った。本来なら、企業にとって大事な要素である無形の価値を、社会貢献とプレゼンス促進の経費ととらえ、プロジェクトごとに分担金を払うことにして保持し続けるべきであったと思う。

内部にいる人間がやり甲斐というか仕事の面白みを奪われていたので、「喉越しがない」と言われるのは当然なのだが、外から喉越しがないと言われれば我慢ならない。ならば、もう一度、Zによって日産のスピリットを発信しようと私は思った。

私にとって最初のZ（Z33）は日産の「ものづくり復活」を証明するため、そして二代目のZ（Z34）は日産のスピリットを知らしめるための取り組みとなった。図らずも、入社した際、新幹線を名古屋で降りずに東京まで来た時の精神に戻っているような気がした。

今の日産の状態では、Z33で終わらせてしまえば、日産のものづくり復活は打ち上げ花火で終わってしまう。Z33とZ34の二世代を完結させて初めて、それは実現するのである。

ゴーン氏が来た時の旧職制である商品主管は、「第一級戦犯扱い」されてことごとくいなくなり、最後の商品主管被任命者である私は、ただ一人の生き残りであった。多くの先輩たちが築いてきた車へのこだわりを守り続ける、言いようのない使命感を感じた。

オートメーション化の中でこだわり続ける

二一世紀になるのを境にして、車両開発がどんどんオートメーション化され始めた。この功罪はもちろんあるのだが、モデルチェンジのタイミングがカレンダーでチェックマークされ、それに合わせて新車開発が進められる。さらに開発期間の短縮のためのCAE(computer-aided engineeringコンピューター支援による製品設計・製造)も次々と進んだ。

我々商品企画グループも、変革のスピードに追いまくられた。このままでは、クルマに際立った個性を与えることなく、時期が来たから出してしまう、という惰性の産物になりかねない状況になってきた。

しかし、「時期が来たから」という受動的なモデルチェンジはお客様への背信行為であり、そんな仕事のやり方なら商品企画は辞めたほうがいい。

もちろん、車種開発の効率化も量産体制確保によるグローバル販売体制の構築も、私はまったく否定しているわけではない。日産の本格的な復活に必要不可欠なことであるのは理解している。

しかしこれは、特化したカスタマーニーズを実現し、車会社の顔となるべき車種には絶対にそぐわないものづくりの手法である。Ｚに対してもこのやり方しかないのならば、日産の看板を下ろしてルノーに統合すればよい。日産の看板を掲げ続けるなら、日産のお客様のために、日産に期待されるものづくりを続けるべきである。

だが、果たしてこの環境の中で、Ｚとして実際に何ができるのか？　これが後継モデルのＺ34型フェアレディＺに取り掛かる際の私の最大テーマとなった。

リンカーンの演説と同じ精神

次期型Ｚ34のコンセプトメーキングを始めたのは二〇〇五年に入ってすぐだった。ちょうどその年の九月に発売する現行型Ｚ33のマイナーチェンジが佳境に入っていた時期でもあった。

Ｚ33はＭＹ（モデルイヤー）制度が定着し毎年進化を続けることができたが、そのゴールは一体どこにあるのか、何をもってゴールとするのかについて、まず見定めなければならない。それは進化が止まる時であり、現行のＺ33のプラットフォームでやり切るところまでやり切った最高のＺを作れた時ではないか、と思ったのだ。

今のプラットフォームでやり尽くした後、その次の段階がフルモデルチェンジになるわけで、その機会をとらえて別のステージにステップアップすることが、次期型のあるべき姿なのである。

その認識から、次期型のメッセージは「Jump」にしようと決めた。性能もデザインも、そしてクオリティも、すべてモデル更新したから一つ上のステージにジャンプできるのだ。コンセプトワードは「Zenith of Z-ness for Z-Enthusiast」とした。Zらしさ（Z-ness）の頂点（Zenith）をZの熱烈なファン（Z-Enthusiast）へ、すなわち「究極のZを熱烈なZファンへ」提供するという想いである。

コンセプト提案時、ゴーン氏にはこう説明した。

「これはリンカーンのゲティスバーグ演説と一緒です。『government of the people, by the people, for the people；人民の、人民による、人民のための政治』、すなわち『Z of the Z fans, by Z fans, for Z fans；Zファンの、Zファンによる、Zファンのための究極のZ』を提供する」

このプレゼンは大いに受けて一発で経営会議を通過した。単なる語呂合わせではない。私が二世代のZを担当し続けることができたのは、Z33の成功と多くのファンのサポートがあったからであり、一九六九年から綿々と続くZブランドを輝き続けさせることが、二世代にわたって担当する私の使命だと思ったのだ。

出し惜しみはしない

車において主要コンポーネンツのひとつであるエンジン。ましてやスポーツカーであればそれは途轍もなく大きな要素を占める。そこでまず、私と同期でエンジンのキーパーソンである富田公夫氏のところに、いつもの調子でざっくばらんに相談に行った。

彼は私のMY制によるZの進化に賛同し、すでに多くのサポートをしてくれていた。Z33のモデルライフで都合、エンジンを四回も更新できたのは、彼がいてくれたからに他ならない。

私は頼んだ。

「とにかく出し惜しみはいやだ。次の多岐にわたるメニューを何とか次期型に使わせてほしい」

彼は言った。

「いくら湯川の頼みでも、できるものとできないものがある。今は高出力どころではなく、燃費向上と排気のクリーン化がエンジン部隊の大命題だ。そんなに工数が割ける状態ではない」

私は引き下がらなかった。

「そういうことは承知の上で依頼しているのだからメニューが欲しい」

いつもの調子で無い袖を振らせる。結果、

「排気量アップと可変バルブのシステムはすでに開発中で、それを湯川の車に間に合わせて搭載する目途を付けるよ」

いつもの粘り勝ちに持ち込むことができた。富田氏が理解してくれたということでもある。

現行車は技術の出し惜しみをすることなく進化を続けて、やり切ったところでモデル更新、「Jump」させられるハードウェアを手に入れたのである。

ホイールベースをぶった切れ

もう一点考えていたことは、プラットフォーム（車台）の進化である。プラットフォームとは、ボディが載っていない基本骨格をさし、シャシーとも呼ばれる。エンジンやトランスミッション、車幅やホイールベース（前後の車軸間の間隔）は変更できるが、エンジンやトランスミッションの取り付け点は共通となる。これにより、多くの車種でプラットフォームの共通化が図れることとなり、コストの面でも台数増によるスケールメリットを出すことができるのだ。

スポーツカーにとって大事なことは、気持ちよく走り、曲がり、止まることである。走る部分はエンジンで目途を付けたが、もう一つの曲がる部分の目途は付いていない。そのためには、プラットフォームの進化を図るために、ホイールベースを短くしたいと考えていた。

ホイールベースを短くしていけば、車は回りやすくなる（小回りが利く）が、逆に車両として直進安定性が損なわれ、不安定な領域を抱え込むことになる。アウトバーンを二〇〇kmオーバーで走っても安心してハンドルが切れるというZの持っている圧倒的な安定性を落としてまでやる気はないが、まだまだバランスは取れるのではないかと思っていた。

そこで実験部の「トップガン」テストドライバーにしてマイスターである加藤博義に相談に行った。既述の通り、ZやGT‐Rといった日産を代表するスポーツカーのハンドリング&操縦安定性を評価する第一人者である。彼は私の要望を聞いて真っ先に「本気か？」と言った。

もちろん私は、いい加減な気持ちで言っているのではないし、功罪を考慮した上で「ホイールベースでハンドリングを良くしたい」と持ちかけた。たしかにホイールベースを短くしていくと、プラットフォームの共用化からどんどん外れてしまう。特に燃料タンクは新しいものを作らなくてはいけなくなるので、大変な予算と工数がかかるのだ。それでもハンドリングが「Jump」するならやるべきだと思ったが、どこまで行けるかが見えなかった。彼に相談したのは、そうした理由からである。

数ヵ月後、博義から栃木に呼ばれた。そこにチョロQのようなZがいて、博義は乗ってみろという。いつものように商品性の評価路を走ると、これが面白いように気持ちよくコーナーをクリアしていく。

「何をやったんだ?」

「ホイールベースを一〇〇㎜ぶった切った」

「一〇〇㎜だけか?」

「そうだ」

「一〇〇㎜でこんなに利くとは思わなかったが、なかなかのもんだな」

博義もホイールベースの短縮には自信を持ったようだ。これで楽しく曲がる要素への目途は立った。

重量とコストという課題

モデル更新する時のもう一つの大きな課題は、モデル更新により最新の規制に対応する必要があり、対応しないと販売できないということだ。新しい車は最新の環境対応、安全性等に適合していなくてはならない。当然のことである。

たとえば歩行者保護。万が一、エンジンフード（ボンネット）に歩行者がヒットした時に、フード下の硬いエンジン部品に頭部が当たらない工夫がいる。普通の乗用車ではエンジンフードとその下にあるエンジン部品との間隔を大きく取ればよいのだが、スポーツカーではフードを高くするとデザインが成立しないので、フードの根元に炸薬を仕掛けて、歩行者がヒットした時に炸薬が爆発してフードを持ち上げるようにする（ポップアップエンジンフードという）。フードの下にエアバッグを二個潜ませるので、これにより十数kg重くなり、コストも跳ね上がる。

さらには、今までオプションとしていた装備、たとえばサイドエアバッグ、ＶＤＣ(Vehicle Dynamics Control；横滑り防止装置）などがこのセグメントでは当たり前の装備なので、標準仕様となってくる。それらを積み上げていくと、モデル更新時で一〇〇kg以上重くなるのだ。コストも然りである。

だが、「Jump」のメッセージを発信するには、これら増加する重量を最低でも現行のZ33並みに下げないと、今まで以上のFun to Driveは実現できないことになる。
そこで次期型・Z34の開発キックオフにあたっては、コンセプトを達成するために以下三つの課題を設定し、開発部門に提案した。

1）三・七リッター可変バルブタイミング搭載のV6エンジン（VQ37VHR）の搭載
2）新プラットフォームのホイールベースの短縮（マイナス一〇〇㎜）
3）車両の一〇〇kg以上の軽量化

開発部門は大騒ぎである。

難易度が高いほど燃える

これらの課題をブレークスルーすべく開発を依頼するキックオフの会議は、私のチームの課長が仕切ることになっている。この時は松坂和彦氏というスポーツカーが大好きな若手が課長代理（当時）を務めていた。その彼が「湯川さん、こんなこと言うと、現場に殺されますよ」と顔を引きつらせる。

私はおもむろに、「そのために課長代理がいるのだから、言ってこい。後で骨は拾ってやるから頑張れ」と言った。冗談ではあるが、今考えてもここまでのことを言うほどの大変な提案であった。

はたして会議では、各コンポーネント設計の部長クラスが抵抗を始めた。

「この課題を解決すればコンセプトを達成することは理解できるが、資金と工数を誰が手配するのだ。もともとのプラットフォーム開発の計画にないことはできない」というわけだ。

経営会議での私のコンセプト提案時には、コンセプトワード「Zenith of Z-ness for Z-Enthusiast」とメッセージ「Jump」だけでなく、技術的なブレークスルーとなるこの三つの課題をセットで提案した。私は各設計の部長たちに言った。

「出席された開発部門の副社長以下、役員の方々からの反対はなかったので、本提案は通過したものと思っている。したがって、この三課題をもともとの予算と工数で達成できないとなれば言ってきてほしい。私のほうから経営会議に再提案して議論してもらうようにする」

まるで国会答弁のようだが、多少、理不尽なことでも言うしかない。ただ、これができなければ次期型に着手するつもりはないし、コンセプトに戻った議論を繰り返してもよいと、私は腹を括っていたのである。

開発部門の部長たちも、副社長に手戻りまでして経営会議で再提案というのも本意ではない。本当は彼らもZの「Jump」を達成したいという気持ちは共有していたので、度重なる議論の末に、最後は「やろう！」ということになった。

Z33の時もそうであったが、目標が高ければ高いほど、ターゲットが難しければ難しいほど、日産のエンジニアは燃えてチャレンジするのだ。この性（さが）をここでも利用、というか活用させてもらった。

そして、「Jump」を達成するために明確にし、大前提としたことは、新車化の予算配分を「Jump」にだけ使い、後はコスト配分はせずに知恵で良くするという方針である。それを私と部長間で「握って」本プロジェクトをスタートした。

通常の新車化の予算配分は、各性能に満遍なく配分するが、次期型Z34ではスポーツカーの性能向上分に重点配分したので、通例から言えば異常なことをやったのである。以下がそのときのメモである。

1　性能の向上と軽量化に八〇パーセントの投資：それ以外は知恵で良くしろ

2　予算が足らなければ、Valueの高い機能を付加して販価反映し、それで補塡回収することも考える→商品チームに「ネタを見つけて来い！」と指示

若い世代に自主的な創造性を発揮させる

プロジェクトのスタートと同時並行で、私は次期型のメインとなる性能を担当する若いエンジニアに、「自分のやりたいことを言葉で表現しろ」という宿題を与えた。目標を自分の言葉に落とし、自分の言葉で理解することで、ゴールのあるべき姿はもちろんのこと、それに至るプロセスまでを明確に認識できる。

だからメイン業務を実際に担当するエンジニアには、まずそこの部分をクリアしてほしかったのだ。実際に、中心となって開発していく若いエンジニアの自主的な創造性の発揮と高いモチベーションの維持がこのプロジェクトの成功のキーとなるのだ。

彼らは散々悩んだようだが、一ヵ月ほど経って、走る、曲がる、止まるの、各性能を担当している若手三人が工夫した資料を持って、パワーポイントで説明しにきてくれた。我々が目指すべき方向性を言葉と絵でわかりやすく表現してくれている。

走りのコンセプトは「すべては走りのために」であり、その定義は「車としての安定性と安心感を性能の基本に置いた上に、スポーツカーを運転する歓びであるレスポンスとリニアリティをJumpさせる」という狙いだ。まさにアウトバーンで高速で安心してハンドルが切れるZを大きくJumpさせようという、プロジェクトの狙いそのものであった。

このように定義できると、彼らは目の色が変わるほど没頭するようになった。早くモノにして自分たちで体感したくなるのである。上司に否定されても誰に異論を言われても、ブレない。もちろん言われたことに対して彼らをガードするのは私の仕事であったが、さらに素晴らしいことに、自分たちの目指す性能以外のメンバーとも密に連携をとり始めたのである。

たとえば、予算配分しなかった音振屋（騒音振動担当）に、排気の音に対して要求を突きつけた。気持ちのよい音が出れば加速感もよりよく感じられる。動力性能屋が音振屋に「排気の音をもっと良くしてくれ」と依頼したのである。

そうすると、予算配分していなかったためにいじけていた音振屋が喜々として、マフラー開発のための予算を彼らと一緒になって堂々と要求しに来た。これは意図して狙っていたわけではない事態であったが、あり得ることであったし、ものづくりの連携という観点からすれば、そうでなくてはならない必然でもあったと思う。

関係部門全員をポジティブに巻き込んでいく

開発へのキックオフが終わると、各プロジェクトが所有する会議室（八畳ほどの小部屋）でプランニングセンター（通称、プラセンと呼ぶ）を週一回開催し、各性能のスペックとトレードオフとなる課題を潰していく打ち合わせを持つ。

もちろん、課題ごとに担当者が集まり議論するので常に予約がいっぱいだが、「音振屋と燃費屋は初めは来なくていい」ということを私が最初の会議で言ってしまった。もともと、私も入社から一〇年間は音振屋だったのでわかるのだが、音振屋はどうしても性能の足を引っ張るネガティブな解決策しか持っていないのである。

遮音材を増やして音を静かにするには重量がかさむし、路面から伝わる音を小さくするのにはサスペンションやブッシュを軟らかくする。そうするとスポーツカーにとって一番大事な、次期型の最優先項目であるハンドリングや軽量化と逆行する。

燃費屋も然りで、すぐにタイヤのトレッド（接地面）を燃費のために硬くする。タイヤはまずハンドリングのためにあるべきなのだ。だから、最初に重点性能としてハンドリングのための解決案を作り、その後で知恵を出して自分たちの性能をブレークスルーしてくれというう、はなはだ難しい取り組みをお願いした。

開発では各々のパーツ（あるいはコンポーネント）ごとに優先順位をつけることが大事である。「これがあればトレードオフ」という言葉は存在しなくなるのだが、そこがなかなか割り切れないのも事実である。

だから最初に、音振屋にはこういう言い方をした。

「騒音とはNoise、振動とはVibrationのことであり、これらは車にとってのネガティブな性能、不具合を意味した言葉だ。しかし、もしあなたたちが騒音・振動ではなく、Sound & Beatというポジティブな性能として参加してくれるなら、初めから歓迎する」

我ながら、禅問答のような不遜な言い方でもある。

「我々はZを、不具合解消型の商品ではなく、魅力性能向上型の商品として進化させていく」という発想を共有して仕事をする自覚が大事と伝えたのだ。

結果、彼らはSound屋として胸を張って参加してきたのである。こちらから言うのではなく、メインの性能屋たちが自分たちの性能を突き詰めていく過程で、彼らを一緒に巻き込まないと完結しないことがわかったのは、図らずも素晴らしいことだった。

スポーツカーとしての「Fun＝運転する歓び」を完成させるためには、不必要なメンバーは誰ひとりとしていないのであり、作り上げていくためのプロセスと階層を、自分たちで決めて全員で実行するということが大事であるという実感を、チーム全員が持つことが重要だった。それが自発的にでき上がってくれれば、こんなに強いチームは他にない。

Z34発表の時は、「すべては走りのために」をZのキャッチコピーのひとつに使い、さらにカタログには彼らメンバーを主役にした開発ストーリーを作り、大きく取り上げた。彼らは大変大きな満足感と達成感を味わうことができたのだ。

過去のトラブルに囚われるな！

日産に限らず、ものづくりのメーカーには、過去のノウハウを蓄積した設計基準と実験基準がある。それはメーカーにとってのノウハウそのもので、それこそがそのメーカーのキャラクターを決めると言っても過言ではない。しかしそこには、スポーツカーにとっては邪魔な部分も存在した。

これらのノウハウは、過去何十年にもわたって積み上げてきた「不具合事例集」であり、トラブルシュートのノウハウである。ものづくりが失敗しないことを優先してきた時代には大いに役立ったし、そういう商品を目指すのであれば、それにしたがって設計、実験すれば間違いない製品を作れる。私はそれを「過去トラ完結型製品」と称した。

しかし次期型・Z34は不具合解消型ではなく、魅力性能を徹底的に磨き上げる製品として開発しようとしているのだから、この基準が往々にして足枷になってきたのである。

たとえば、ブレーキは鳴いてはいけない。もちろん、日常ユースで鳴くとお客様は不安を感じるが、サーキットのようなコースを思いっ切り何周もした後で鳴くのは当たり前のことである。だが、それでも「鳴く」という言葉に拒否反応を示す判断者が多く、担当の若いエンジニアは大いに悩んでいた。

また、オートマチック・トランスミッション（オートマ）を担当する者にとっては、「ショック」という言葉はタブーであり、実際、ショックで多くの不具合を出して、お客様から叱られた経験が多数あるのだ。

オートマの変速ショックは一速から二速へ、二速から三速へと自動でシフトアップしていくときに発生し、各ギアを繋ぐ時間を長く取るとショックは少なくできる。

Dモード、すなわちオートマチックの走行モードの時はスムーズに走れるほうが良いに決まっているが、今回、Z34のオートマ仕様には「マニュアルモード」という自分でギアを選びながら走れるモードを付けた。そして、「このモードを選択したドライバーは積極的にドライビングしたいのだから、ギアを早くつないでくれ」という要求を出した。

だが、そうするとショックが出るのでダメだという。そこで「一発目のガツン！　はあってもよいから、それ以降のユサユサと続くショックを小さくすれば、かえってギアをつないだ実感があり、レスポンスが良く感じる。それはお客様にとっては楽しいモノとなるのではないか？」という話をした。しかし判断者にとっては、ショックは絶対にトラブルであり、タブーなのだ。

これらを打ち破らないと、やる気のある若い設計者は次に進めない。結局、私が積極的にルール破りをしていくことにした。ロジックは極めてシンプルである。「ルールは誰のためにあるのか？」を議論すればよいのだ。

お客様が喜ぶことを、不具合と定義した過去トラのルールだけで片づけてはいけない。ましてや、お客様にとって嬉しいことであるなら積極的にやるべし、積極的にルールを破るべしと言い続ければいい。

ちなみに、アメリカでもアメリカ人相手にマーケティング戦略で同じ議論をしたことがあるが、長い議論をして、最後は「お客様のためであれば積極的にルールを破るべし」という結論に至ったのだが、その時に当てずっぽうで「Rule is existing」と言ったら、続けて「to be broken」と全員が合唱してくれた。まさに彼らの持ち言葉そのものだったようで、一気に話が進んだのだ。

「Rule is existing to be broken」、なんと良い言葉だろうか！

ルールは誰のためにあるのか？　お客様の満足のために存在しないルールなら、積極的に破棄すべし、である。結局は主体的な判断と責任を回避しようとする輩が多すぎるのだ。

そこで「私が決めてよければ、今、決めるよ！」と言うと、本来の判断者は必ずといっていいほど慌てる。この言葉は会議で物事を動かす時の殺し文句であり、最高のテクニックでもある。

原価低減活動が主流に

儲かる車にさらに負荷を掛けるのがゴーン流のやり方である。それはそれでマネージメントとしては正しいやり方だと思う。すなわち、数を売るコンパクトカーのマーチやキューブの利益率は低く、コストも絞りに絞っているので原低（原価低減）しても大した効果はない。しかし、Zの利益率は一五パーセントを超えているので、さらに二〇パーセント、二五パーセントを目指した「原低」を推進せよという発想になる。もちろん、ゴーン氏本人から直接ではなく、その意図を忖度した人からの指示である。

原価低減の定義を再度明確にすると、「質を下げないで原価を下げること」であり、剝ぎ取りや安い材料置換で原価を下げるのは誰にでもできる。それをやってしまったら、お客様にすぐばれるしタブーであるのだが、徐々に社内で、その手法が主流となってきた。

私が剝ぎ取り原低を無視したら、役員判断会に来いという。「役員にしか決めてもらえない仕事なら、職位を返上しちまえ」という気分になる。とはいえ、会での役員の判断は私とまったく同じであった。山下光彦氏（当時EVP・副社長）も大伴彰裕氏（当時CVP・常務執行役員）も、原低の意味は十分過ぎるほど理解している。

「いったいこの会社はどこで歪んでしまったのだろうか？」と思う。先ほどのルールの話ではないが、コストを下げることが目的になったエンジニアとは何なのか、主役となるお客様の存在への意識は希薄であろう。これも次期型を進めて行く上での大きな軋轢の理由となった。

「原低」の標的となったZエンブレム

スポーツカーのオーナーの所有欲を高めること、それは商品企画やエンジニアの腕の見せどころである。そこで新型Z34には、サイドターンランプにZのエンブレムを組み込むことを企画した。サイドターンランプというのは、要するにウインカーのことだが、ボディ側面のフロントフェンダー、ドアの前に設置されるターンマーカーのことである。

だが、これなども原低の格好の対象として狙われた。社内の部品共用化のルールは、「マーチのサイドターンランプを使え」である。マーチのモノを使えば数百円で済むところが、今回のものを作ると一台あたり七〇〇〇円以上のコスト高となる。コスト、コストでものを作り込むと、それこそ「喉越しが無い」とか、「安っぽい」とか、商品としての「品位、品格」までが破綻する。

ましてや、極めて趣味性の高いスポーツカーにおいては、一番やってはいけないことであるのに、この時の日産のものづくりの手法は、マーチからフーガまで一貫して原価低減を押し付けられた。

「ふざけるな――」。

私は原価低減に対する「反発心」と、スポーツカーの「遊び心」への尊重の両面から、このサイドターンにこだわった。Zのエンブレムが、ある時、あるタイミングで光り出す、というのはユーザーの誇りにもなるだろうし、見た人にとっては大きなサプライズにもなる。スポーツカーファンにとって高いバリューがどれだけ積み上げられるかがものづくりの根幹でもあり、醍醐味なのだ。これが原低の対象になったり、採用するのが難しくなるような議論をすること自体が、そもそもおかしいのである。

あるエンジニアのこだわりと挑戦

このランプを担当したのは、市川さんという若手の女性設計者だった。彼女はこういう議論の中で右往左往していたと思うのだが、内心では自分でもやりたくて仕方がなかったのである。エンブレムのベースとなる真っ黒なスモークガラスが、サイドターンの機能を発揮する時はオレンジ色に光らなくてはならず、さらに日欧では光量の基準を満たさなければならない。多くの条件をクリアしていく難度が求められた。

設計者としてはチャレンジできるものであるとともに、さらに重要なことはお客様にとってサプライズになる。作り手の想いを届ける目的も有しているので、彼女としてもこの新しい技術開発に思い切りチャレンジしようとしていた。高い目標に高いモチベーションを持って挑むことは、若手に生き生きと仕事をさせる大きなエンジンになる。

彼女は試作品ができ上がると、嬉しそうな顔をして私の席にポータブルバッテリーを抱えて現れ、カーテンを閉じて電気を消し、デモを始める。

「まだ光加減にムラがあるね」「ちょっとLEDを多く使いすぎじゃないの？」などと私が注文をつけると、逆に嬉しそうな顔をして戻り、数日後にまた新しい試作品を持って現れる、ということを十数回繰り返した。

なかなか狙ったものに近づかないので、私はこのシステムを諦めることはいっさい考えていなかったのだが、彼女を叱咤するつもりで、「もうギブアップだな」と言ってしまった。するとも彼女は、また三日ほど経ってからランプメーカーの人間を五〜六人引き連れて現れ、「ここまでできたからぜひやらせてください」と熱のこもったデモを始めた。

これは本当に良く仕上がっていた。何より私は、こんなに多くの人を使って設計していたのに驚いた。彼らはほぼ三日間徹夜して作って、提案品を持って来たのであろう。そこには彼らのプライドをかけた取り組みがあった。思ってもいないことを言って慌てさせてしまったが、頑張るための「活」も時には必要なのであり、感激した一瞬であった。

ちなみにZ34の発表後、この「Zエンブレム一体型サイドターンランプ」はお客様に大いに喜ばれ、自動車メディアにも非常に好評だった。発表会場で多くの雑誌のインタビュアーに囲まれた彼女が、顔を赤らめながらも誇りを持って受け応えしていた姿を今でも思い出す。

危うくミスジャッジ

新型Z34は多くの若いエンジニアが自分たちの持てる技術を最大限発揮し、Zを最高のスポーツカーにしようとして取り組んでくれた。

だが、このような開発の中で、私が危うくミスジャッジしそうになったものがひとつあった。それが「シンクロレブコントロール付き六速マニュアル・トランスミッション」(以下、シンクロMTと略)である。

ZのMT(マニュアル・トランスミッション)比率は、アメリカで六五パーセント、日本でも五〇パーセントを超える。日本では全乗用車のAT(オートマ)の比率が九九パーセント以上なので、これは驚くべき数字であり、世界で一番MTを売っている車がZなのである。スポーツカーのMT比率は五〇パーセント前後だが、日米で一番数を売っているスポーツカーがZだから、MTを担当している若手エンジニアも矜持をもって世界一のMTに取り組んでくれていた。

　なぜスポーツカーのMT比率が高いかというと、3ペダル（アクセル、ブレーキ、クラッチ）を駆使してドライビングを楽しむのがスポーツカーの醍醐味のひとつだからだ。とくにドライビングスキルを競うサーキットにおいては、「ヒール＆トゥ」といって、コーナーを曲がるときにギアのシフトダウンをするのに、左足でクラッチを踏みながら右足のつま先（トゥ）でブレーキを踏み、同じく右足のかかと（ヒール）でアクセルを踏み、エンジン回転を落とす先のギアと合わせて、クラッチを同期させる一連の作業が求められる。

　つまり、エンジン回転を上手く合わせてやることで、シフトチェンジを素早くスムーズにして、コーナーを駆け抜けるテクニックだ。これが決まった時の気持ち良さは、やった者にしかわからない。

　ある時、村山さんという若いエンジニアが私の席にやってきて、このヒール＆トゥを自動でできるようにしたいと言ってきた。だが、私は「MTを買われるお客様はせっかくその楽しみのために買われるのだから、余計なことはしなくていいよ」と言って追い返してしまった。

　数週間後、再び彼がやってきた。「今度は現行型のZ33を改造してこのシステムを組み込んだから、栃木のテストコースに行って一緒に乗ってほしい」と言うのだ。それでも私は

「栃木に行く暇がないので、そのうちに」とにべもなく断った。

だが、私もその時は多少気になったのだろう。実験部のマイスター加藤博義に「こういう車があるから乗っておいてくれ」と電話したところ、彼も「それは余計なお世話でしょう」と同じことを言う。それもあって、その話はしばらく忘れていたのである。

さらに数週間経った頃、栃木に別件で行き博義と打ち合わせをしていた時、村山さんが現れて「少しの時間でもよいから乗ってくれませんか」と言う。断る理由も無いので、試乗した。

すると、これがなんと楽しいことか。思わず例の商品性評価路を何周も回って久々に楽しんでしまったのである。博義も呼んで一緒に乗ったが、「これは参った」というのが我々二人の結論であった。

このシンクロMTは「余計なお世話」などではなく、クルマの側がドライバーに、「俺に勝てるかい？」と挑んで、完膚なきまで打ち負かすほどヒール&トゥを完璧にこなしてしまうデバイスだったのだ。無理して下手なヒール&トゥをやるより、このシンクロMTに任せてブレーキとステアリングワークに集中したほうがより速くコーナーを抜けられる。いわばスポーツカーを速く走らせることをサポートしてくれるのだ。

私はすぐに村山さんを呼んで、まず謝ってから、システム開発にGOをかけた。危うくミスジャッジするところであったが、ここでも若手のやる気に助けられた。まさにこの時が手配期限ギリギリで、それを過ぎると生産に間に合わないことを聞いて、ヒヤッとした。

二〇〇八年一〇月末、Z34発表直前に、自動車ジャーナリストを北海道陸別テストコース（HPG）に集めて試乗会をしたのだが、スポーツカーの試乗には多くの元レーサーの肩書を持つ、腕に覚えのあるジャーナリストが多く集まる。

その皆さんが異口同音に、このシンクロMTを「素晴らしいシステムだ！」と褒めてくれた。私と懇意な腕の立つジャーナリストが車から降りた途端に握手を求めてきたほどだ。「今までヒール&トゥが上手くなるために頑張ってきたが、俺の三〇年を返してくれ！」と言う人まで現れて、世界初の画期的システムとなった。試乗会中、ジャーナリストのお相手をさせた村山さんも最高の達成感を味わった瞬間だったと思う。

思えば、村山さんが私に仕掛けたようなゲリラ的な飛び込み試乗を、私も一〇年以上前に当時の社長の塙義一氏にやったことがあった。まさにそれがZ復活の始まりでもあったのだが、塙氏と同様に無下に断らずに（私の場合は危ういところではあったが）、その若手エンジニアのやる気を削がない態度で接して良かったと思った。

同時に、自分も歳を重ねたという感慨も抱いた。「次は無いな」と思う一因になったのである。

世界展開でもカスタマーサービスを充実させる

私は開発中から次期型Z34は世界中に遍(あまね)く出荷したいと思っていた。前型のZ33は二〇〇五年に中国に出したのが最後で、最終的には九七ヵ国で終わってしまった。

だが、並行輸入業者が暗躍して、出荷していない地域で平気で走っているZ33を何度も見たので、最終的には一一〇ヵ国くらいには行き渡っているのではなかろうか。

一番驚いたのは、中国での発表イベントで北京に行った時のことだ。北京空港からホテルに向かう高速道路をZが疾駆していたのである。発表イベントに来たのだから、当然、Zは中国には渡っていないはずである。現地の人に聞くと、すでに十数台、並行輸入業者経由で入っているとのこと。

さらに驚いたのは、中国に出荷する計画のないオープンモデルのZロードスターが走っていたことだ。イミテーション商品が氾濫する中国だが、見紛うことない本物のZロードスターであった。

つまり、並行輸入業者を介してでも乗りたい人がいるということである。私の立場としても複雑な気持ちだが、お客様の立場に立つと、余計な出費を払い、正規のアフターケアも受けられないことになる。正規のルートで販売し、正規のディーラーサービスを受けていただいて初めて、Zという車の魅力を享受していただけるのである。だから次期型は並行輸入業者に負けないように行き渡るようにしたいと思った。

だがこれも、当時の日産のやり方から大きく逸脱した。実際にZ34を開発する時にグローバルに注文を取ったら、各地域営業のほとんどから手が挙がってきたのだ。全一三五ヵ国、日産がコントロールできる営業地域をすべて網羅した格好である。中には年間一台という国もあったが、ここで足切りをしたらあえて注文を取った意味がなくなる。

年間一台の国にスペシャル&ユニーク対応すること自体はナンセンスであるのは当然、理解している。そこでエリア制を導入した。いくら世界中で気候や、道路事情や、ガソリン性状や、政府の規制の考え方が違うといっても、大きく分けると右ハンドルか左ハンドル、暑いか寒いか、無鉛のプレミアムガソリン（ハイオクガソリン）が入手できるかどうか、安全に厳しい国か、環境に厳しい国か、で分けて考えれば、それらのエリアごとにほぼ対応できる。

一ヵ国ずつ一つひとつの条件に細かく分けてマトリックスを切ってしまうと、絶望的な種類、仕様の車両開発を必要とされるが、このように大きく括ってしまうと、北米仕様、欧州仕様、日本仕様、中近東仕様の四つでほとんどカバーできるのである。

あとはこの仕様をベースに、オーバークオリティとオーバースペックの部分は各地域からプラスアルファの仕様をもらうと思えばよいわけだ。そして、現地で発生する必要な営業費その他の経費も自分たちの責任で処理してくれれば、日・米・欧&中東の四仕様のZを日産本体は出荷し続ければよいのである。

これでお客様にとっては、間違いなく並行輸入業者から買うより大きなメリットがあるし、海外のディーラーも店に最新のZを飾るだけでお客様を呼べて、他の日産車で商売することも可能になるのだ。

この後、設計部隊とともに、一ヵ国ずつ、出荷の可能性についてのフィージビリティスタディ（実現可能性の検証）を開始した。そうすると、またまた設計基準と実験基準の議論になるのである。

だが、私はこの議論は得意になっていた。

たとえば、設計が「この国は舗装道路の比率が低いので出せない」と言ってくる。

私は「車高の低いスポーツカーを誰が未舗装の凸凹道に持ち込むの？　中国以上の未舗装比率の高い国がどこにあるの？　アフリカの中央部にはもともと出さないし、それよりなぜポルシェとBMWは売っているの？」と返す。

次に設計が「この国は寒くて冬場はマイナス三〇度を下回るので、アイスバーンとなった道路を走るのにチェーンを付けなくてはいけない。でも、欧州仕様だからタイヤは一八インチのみなのでチェーンが付けられない」と言う。

これには私は「誰がマイナス三〇度の時にわざわざチェーンを付けてアイスバーンをスポーツカーで走るの？」という調子で珍問珍答を繰り返し、多くの貴重な時間を費やすことになってしまった。この担当者にとっては良い勉強になったはずである。

サプライヤーとのコミュニケーション

Zのものづくりがブレることなく進むことに対して、もうひとつ重要だったのは、サプライヤーとの関係である。とくにその部品が車の性能を決め、しかもブランド価値にまで影響を及ぼす部品であればなおさらである。サプライヤーを単に「部品供給社」と考えてはいけないと思い、私は「日産外の共同開発社」と考えて接してきた。その代表がタイヤとオーディオシステムである。

日産の購買システムは、開発前に要求性能を整理した上で、すべての部品メーカーに情報提供し、オープンな競争入札をすることで、部品メーカーを決定する。要求性能を示すことで後はコスト（原価）でメーカー選択ができるのだ。いわゆる「系列」をなくしたのも公平性を担保するためである。

日産ではこの作業をソーシング（Sourcing）と呼ぶが、Zの前型の開発時においてもこのソーシングを実施し、タイヤについては第一次選考で二つのメーカーに絞られようとしていた。スポーツカーの装着タイヤは性能の高さはもちろんのこと、タイヤメーカーのブランドも重要で、そのブランド力によって走りの価値が決まってしまうと言っても過言ではない。だからメーカー決定前に購買に要望を伝えた。「タイヤは安かろうを止めてほしい」「ブランド価値の高い二社に銘柄を絞って採用してほしい」と。だが当然、コストの面から反対されるわけで、そのための理屈が必要となってくる。

そういう際によく使うのが価値、バリューに対する考え方である。同じ機能であれば安いほうが良いと思う人が多ければ、そういう選択をするべきである。逆に、同じ機能であっても多少高くてもこちらを選ぶというお客様が多ければ、逆の選択をすべきである。

すなわち、タイヤにおいては「同じ性能であってもこの名前が付いていないと嫌だというお客様がスポーツカーではほとんど」なのである。少し高くても選ぶものには価値があるということで、それはお客様が決めることであり、それを見過ごしてはいけないのだ。

Ｚでは、販価に反映しなくてもバリューが積み上がる選択をいろいろとした。その結果がものづくりへのこだわりと価値になり、値引きをしないことにもつながっていくと思っている。

実際にＺ33ではＢ社とＭ社に装着タイヤの開発をお願いして、最終的にはＢ社一社で最後まで開発にお付き合いいただいたが、それこそ死に物狂いの取り組みになった。結果論ではあるが、B社でなければ最後までこの性能を仕留めるところまで到達し得なかったと思うし、最初の選択は誤っていなかったと思う。

しかもタイヤ開発においては、結果が出てからそれを修正していくというサイクルでは間に合わないほどの目まぐるしさで作業が進む。B社が二重、三重の先読み開発をしてくれたお陰で、Z33の発表に間に合ったと思う。これができたのはB社の技術力と、自らのブランドに対するプライドと、そしてZ復活をともに願っている共感であったと信じている。

名乗りを上げた新たなタイヤメーカー

こうした事情があったので次期型Z34は最初からB社でお願いすること以外に考えていなかった。しかし、もう一社、「どうしてもZのタイヤをやらせてほしい！」というメーカーが現れた。

日本でもお馴染みのY社である。新興かつ凄く熱意のある会社で、その勢いに押されて検討を開始した。もちろん私は日産のやり方とは多少違って、「Zにとって良いモノは遍く世界から買い付ける」ことを厭わないスタンスであったので、無下に拒否することはない。性能とブランドがあれば後は調整事項である。

私が最初にやったことは日米欧のRPM（地域の戦略企画マネージャー）たちに、「Y社のタイヤを装着した時のお客様の反応をまとめよ」という指示だ。

その結果は「Y社のAブランドはとくに若いお客様に人気があって、Aブランドに実際に履き替えている人もいる」ということであった。事前に日本で整理した以上のポジティブな反応である。

次に私はこのY社の方々に、Z装着のためにY社が考えるAブランド開発の取り組みを、欧米のRPMとセールス&マーケティングのメンバーたちにプレゼンテーションしてもらうこととし、一緒に欧米の現地会社に出かけたのである。

ナッシュビルにある北米日産本社からパリにある欧州日産本社に向かう途中でミラノに立ち寄った。なぜミラノに行ったかというと、ミラノ近郊にあるモンツァで重要なレースがあるからだった。

ツーリングカーレースの最高峰であるWTCC（世界ツーリングカー選手権）は、Y社が指定タイヤとなり、Y社がスポンサードしているワンメイクレースである。幸いこのタイミングでフェラーリの聖地と称されるモンツァでレースが行われていると聞き、そこに行けばY社のスポーツカーに取り組む姿勢と評判がよくわかるであろうと思い、立ち寄ったのだ。

モンツァに来ている車のほとんどはスポーツカーとアルファやBMWなどのスポーティカ

ーで、多くの車がY社Aブランドのタイヤを履いており、Y社ブランドがヨーロッパで広く浸透していることを実感できた。

その後、パリに移動し、Y社からのプレゼンの後、欧州日産としてのタイヤブランドへの理解もプレゼンしてもらったが、まさにWTCCに根ざした若者へのY社Aブランドの浸透が英独仏で顕著であり、彼らとしてもY社ブランドは大いに歓迎するという結論であった。

ここまで検討が進めば、ぜひともZ34の開発に加わってもらいたい。最後の仕上げとしてY社の平塚にある開発拠点にお邪魔し、私からプレゼンさせてもらった。多くの方が集まってくれて、その熱気に満ちた熱い眼差しを見て、Y社にも大いに期待を持って共同開発に加わってもらったのである。

ものづくりへの情熱とビジネスがマッチングする機会に巡り合えることは素晴らしいことである。最終的にはY社は若いお客様の多いヨーロッパを中心に、B社は日米中心に出荷国を棲み分けられたのは、各地域のRPMのマーケット理解のお陰であった。

オーディオブランドとのコラボ

もう一つこだわった部品がある。部品と言うよりシステム部品と言ったほうが適切だと思うが、それはBOSEのオーディオシステムである。スポーツカーにとってオーディオはなくてはならないものであり、しかもビルドインしてインテリアデザインと一体化されたものがスポーツカーユーザーには大変好まれる。しかも新しいオーディオ機器メーカーが進出している昨今でも、日米欧ともお客様はＢＯＳＥというブランドを好む。

タイヤと異なり、オーディオは既完成品を車の室内の音場に合わせるために、室内の最も「地価の高い」場所（各部品の設置ニーズが高く、スペースの取り合いになる場所）を確保し、しかもデザインとしていかに美しく見せるかが勝負となる。

とくに2シーターのスポーツカーにおいて室内スペースは限られた空間であり、メーター類を配するインスツルメントパネルや、空調の吹き出し口など、往々にして場所の取り合いとなる。スピーカーだけで一〇個とか、とくに大径のウーファーを置こうとすると大変な作業となる。

正直、私は音とカラーのセンスは持って生まれたものだと思う。いくら優秀な成績でカラーデザインや音響工学の学位を取っても、着ている服のセンスや聴いている曲で、その人に任せて良いかどうか瞬時にわかるものだ。

そこでオーディオにおいては、まずＢＯＳＥのオーディオのコンセプトと技術を決めているキーパーソンに会うために、二〇〇七年一〇月、ボストンにあるＢＯＳＥ本社を訪ねた。

そのキーパーソンとはマイク・ローゼン博士といい、気さくに私を迎え入れてくれ、研究室をくまなく案内してくれた。音響関係の最新設備が並ぶ割には各部屋ともこぢんまりとしており、あたかも大学の研究室にいるかのような錯覚を覚えた。

私も入社直後に音振部署に配属されて一〇年間音響の勉強もしたので、2シータースポーツカーの音場形成の話や、音場に最適なスピーカー配置や、人間の周波数特性と音楽ジャンルとの関連性などを話していくと、彼もかなり深い部分にまでくわしく話をしてくれた。世代はほぼ同じで学生時代はジャズや七〇年代後半のブリティッシュ・ヘビーメタルやハードロックが大好き、ディープ・パープルやレッド・ツェッペリンの話で盛りあがった。

ロックもジャズも好きで、その感性で音を作り上げてくれるメンバーに任せられれば安心である。あとは「地価の高い」部分に優先順位を付けて場所決めし、それに基づいて頑張ってもらう。

こちらの考えもわかってもらえたから、たとえばドアのサイドスピーカーがエアコンの吹き出し口に押されて位置を下げても、それは納得してもらえるし、そのリカバーにも十分に力を発揮してもらえる関係を構築できたと思う。お互いに、Zの中で最高の状態で音楽を聴けるようにしようと、目標を共有化できたからである。

Z34もZ33と同様に、節目ごとに性能目標の達成度を現地の人間と現地の代表コースで確認しあうというステップを踏んだ。開発スタートから終了までの都合三回、現地評価を米欧で実施したのだ。

その節目ごとの評価に合わせて車が仕上がると、まずアメリカに試作車を輸送する。通常は横浜市の本牧からアメリカに輸出する専用船に乗せて、LAまで三週間かけて送るのだが、チューニングに時間がかかって、この三週間が確保できないと飛行機での輸送となる。結果、大変高額な輸送費が発生して大騒ぎとなる。

そして約二週間、アメリカで評価を実施したのちに、西海岸から東海岸までをトレーラーで運び、その後、船に乗せて二週間かけてアムステルダムまで運んで、ヨーロッパでテストドライブを実施する。これが標準パターンだ。だが、往々にして車は超高価なファーストクラスの乗客となって空を飛ぶのである。

Made in Japanと日本のものづくりの追求

新型Z34を発表する準備が整ってきた頃、私は自身に問うた。

「私はこの車でどういうメッセージを発信したかったのだろう？」

既成のルールも破って来たし、多くの社内のしきたりとも闘い、お客様に喜んでもらえるZを完成させるために、この一〇年間、二世代にわたって悪戦苦闘してきた。競う相手がいるからスポーツカーとしての性能を高めるのは当然として、日産自動車のフェアレディZとして目指してきたもの、こだわってきたものとは何か？

それはひと言で言うと、「日本らしさ」ではなかったかと思う。

アメリカのスポーツカーマーケットは綺麗に区分けができていて、半分は「バイ・アメリカン：アメリカの自国製品優先購入政策」のお客様が買うコルベットとバイパーの世界であり、もう半分は「極めて合理的な考えを持つ」お客様が求める輸入車のスポーツカー、Z、ポルシェ911、ボクスター、ケイマン、BMWZ4、メルセデスSLK、アウディTTなどである。

その輸入車の半分近いシェアを占めるZは、間違いなく「日本らしさ」を求め続けられているクルマだ。では、その「日本らしさ」とは何かというと、ドイツ車にないもの、すなわち「日本的な感性と心配りにより積み上げられてきた香り」なのである。

「真にナショナルなものしかインターナショナルなものに成りえない」という薫陶をかつて日本人の役員から受けたことがあるが、食の世界も同様だ。世界の四大食としての和食、フランス料理、イタリア料理、中華は、間違いなくナショナルに根ざして永い年月培われた味だからこそ、世界中で愛されているのだろうし、世界中のどこで食べても間違いない味の提供ができる。

インターナショナルに通じている日本の「もの」には、日本的な感性と心配りがあり、そこには料理人の、ものづくりをする人間の、「ひと手間」がある。この「ひと」手間は「人」がかける手間でもあるし、「もうひとつの」手間でもあると思う。

Zで言えば、車室内の物入れの工夫であるとか、ドアのトリム材料を触って一番手に馴染むツイード素材を新たに開発したとか、オールドZファンにお馴染みの車体色を最新のテクノロジーで再現して、毎年カラーラインアップを組み替えているとか、Zエンブレム組み込みのサイドターンランプを採用したとか、数えればきりがない。日本のものづくりには、京都の料理人がひと手間かけて、見て楽しみ、食して楽しむ世界をつくりあげるような、「匠と巧(わざ)」があるのだ。

Z34発売当初のTVCMのキャッチコピーに、「クルマは、人がつくる。」というのがあった。画面には、実験部「トップガン」にしてマイスターの加藤博義が華麗なハンドリングでZ34を操るさまが車内外で映し出される。

いかにコンピューター解析が進化して台上での数値化されたデータを基にクルマ作りが進められたとしても、最後は人の手で調律されなければならない。なぜなら、クルマは人が触れて、感じて、そして運転するものだからだ。

もちろん、昨今の自動運転技術なども、安全性能の向上や社会インフラとして重要だ。ただ、クルマと対話するような、意のままに操る歓びを、スポーツカーのハンドリングは他のクルマ以上に求められる。そのときに必要なのが、この匠の巧なのだ。まさにかつて厚生労働省の「現代の名工」に選ばれた加藤ならではの「ひと手間」である。

そしてこの日本的な感性と心配りが込められたProductのみが、Made in Japanとして「Japan Product」の資格を持ち、インターナショナルに、グローバルに通じる商品となるのではないだろうか?

だからこのProductを持つ人々に誇りと愛着が湧き、永く愛し続けられるのだ。これをDNA、Heritage、Brandと表現することもできるだろうが、それらは結果論であり、目指すものとは異なるものである。

原点回帰

私にとって二代目のZ(Z34)は、会う人の多くから「原点回帰」モデルだと言われる。ホイールベースを詰めて、軽量化のためにハッチゲートの形状を変更し、性能を突き詰めていくと、初代S30が彷彿とされるような製品に仕上がったようである。最高の安全性能と最も厳しい法規への対応、そして初代では考えられなかった装備の標準化がすべてできてのこの形状だから、極めて現代的な原点回帰ということになる。

二〇〇八年一一月一七日、LAショーにてZ34のグローバルローンチを実施した。奇しくもビッグ3の経営危機が表面化し、ショーの真最中にもかかわらずビッグ3（GM、クライスラー、フォード）の経営陣が公聴会のためにワシントンに行って不在という異常事態の中でのショーであった。中には自家用ジェットで現れ、顰蹙を買ったCEOもいた。

ビッグ3のブースは閑古鳥が鳴いている状況で発表会を実施したのだが、日産のブースだけは朝からカメラマンの場所取りと、報道関係者と日産関係者とが集まり、ごった返していた。七年前、デトロイトで先代のZ33を日産復活のシンボルとして発表した時と、熱気と賑やかさはまったく同じだが、取り巻く環境はまったく違う。七年間でこんなにも状況が変わるものだと改めて驚いた。

デトロイトでは復活への期待の対象であったZが、今回は自信の産物である。かつては信念で作ったZが、今回は英知を集めて全力で作られた。デトロイトでは緊張続きであったが、LAでは余裕を持って発表会に臨めた。

社会と共存できなければ存在価値はない

日本でも改めて二〇〇八年一二月一日に銀座本社にて発表会を実施した。すでに本社機能は銀座から横浜に移転していたが、ここにも大勢のお客様が集まってくれた。日本での発表は四部構成で、スケジュールがタイトで時間が限られているので、来てくださったお客様とゆっくりお話をする時間がない。そこで、国内営業のMD（Marketing Director）の島田哲氏にお願いして五部を設け、Zのために頑張ってくれたすべての皆さんに来ていただき、新型Zの誕生をお祝いする会を別にセットしてもらった。

本社の発表会場の一部で、「なぜこんなに自動車が不況な時期にスポーツカーを発表するのか？」という質問をする新聞記者がいた。リーマン・ショックの直後でもあり、ビッグ3が経営危機で倒産するかもしれず、日本の自動車メーカーも軒並み赤字損益の見込みであり、エコが叫ばれてハイブリッドカーしか売れない時代に、なぜ時代の対極にあるような車を売り出すのか？　という質問なのだろう。

これはスポーツカーに対する根源的な問いであろうが、最後はお客様が判断されることだと思う。少なくとも車を運転する楽しみを追い求める限り、スポーツカーはなくならないと思うし、スポーツカーがなくなった自動車社会など私は想像すらしたくない。

だが、社会と共存できないスポーツカーには存在価値がないのもたしかだ。次のZは電気で走らせるのか、それとも別のソリューションを見つけるのか？　その解は次の世代に任せたい。

Zを卒業

あのイチローでさえWBCでは「心が折れそう」と言ったが、我々凡人は何時も心が折れそうで、くじけそうなのである。それと闘って、そしていつでも負けそうなのである。私にとって、Zとの一〇年間はまさにそのような精神状態の連続であった。

負けてしまえばそれで楽になるのだが、お客様に手渡すZを目減りさせるわけにはいかない。実のところ、日産の商品主管としてのただ一人の生き残りであると思っている私は、良くも悪くも旧体制の日産のものづくりにこだわってきたのかもしれない。

一九九八年に商品主管に任命された時に、当時の商品企画室長の岡昂氏に、「湯川、商品主管の仕事は何だと思う？」と聞かれた。私が答えられずにいると、「いかにコンセプトを目減りさせずに製品化できるかが商品主管の仕事だ」という薫陶を受けた。私は、これを忠実に愚直に守ることに徹してきた。

しかもZだからできることで、Zだからこそやるべきことで、そしてそれが「喉越しの無くなった日産車」の評判に対する私からの反論であったと思う。

だから心が折れそうになっても続けられたのだが、私はあまりにも疲弊していた。時代との折り合いがつかなくなった。充電しないと「湯川伸次郎」がもたなくなった。だから辞めることにした。

私は、Z34は最後のZだと考えていた。それは二〇世紀最後のものづくりマインドで誕生したZの最終型だと思うからだ。六世代（S30、S130、Z31、Z32、Z33、そしてZ34）にわたってモデル更新を続け、六気筒のガソリンエンジンを載せて、FRで、2シーターで、ロングノーズショートデッキで、ファストバックで、というZは、これで終わりだと思った。Zの集大成でもある。

だから、「もうこれ以上、次期型は考えられないし、Z34を超えるZは誰にも作れない」

――Z34は日産を卒業する私の卒業論文なのだ。

やり残したことは何もない。この言葉で仕事を終えられることに感謝して、日産を退職できることは幸せであった。

終章　日本のものづくりの原点を見た「永守経営」の真実

母校で講演

私は、前述したように日産自動車を二〇〇九年三月に五六歳で退職した。相談もしなかった家内にはこっぴどく叱られると思ったが、「良かったわね。ご苦労さま」と言われ、そこまで追い込まれた姿を見られていたのかと痛感した記憶がある。Z復活とともに、私は燃え尽きたのだ。

「第二の人生をどうするか」と冷静に自分に問うなかで、「これからは日本のものづくりに貢献したい」と強く思うようになった。本章では、日産退職後に経験した、京都大学でのものづくり授業や、日本電産での車載事業の立ち上げ、さらにはルネサス エレクトロニクスでのプロジェクトマネジメントサポートなどの業務を経て培った知見をもとに、日本の製造現場への提言を述べたいと思う。

私は日産を退職する前から母校の京都大学をはじめ、数多くの学会や企業で講演会を行っていた。それは敬愛する京都大学工学研究科機械理工学専攻の松久寛教授（現・名誉教授）に出会い、私をたびたび講演に引っぱり出してくださったのがきっかけだった。松久先生との出会いは、Z33を発表した翌年の二〇〇三年秋だった。

松久先生は最近の工学志願の学生が激減していることに大きな危機感を持っておられた。一九九〇年から二〇〇〇年の一〇年間で志願者数は半減したそうで、このままでは日本のものづくりが立ち行かなくなるという。学府からのみではなく、日本社会の成り立ちの根源から見た時の大きな危機感から、さまざまな場で指摘をされていた。

私は先生にお会いするたびに、「お前さんが偉くならないから、工学志望の学生が減ってくるんや」とお叱りを受けた。

良い仕事をするエンジニアは卒業生にも多数いるが、企業の経営トップにまで上り詰めるエンジニアは少なく、やはり理系卒ではなかなか出世できない、金が稼げないというイメージができてしまっている、というロジックであったと思う。

二〇〇〇年代初頭、NHKの『プロジェクトX』が大人気を博し、高視聴率を取りながら、二〇〇五年末をもって突如番組が終了した。あの番組は、ヒーローとして登場し仕事をやり遂げた先達が、名も無く消えていくというお決まりの物語になっていたと思うが、桜の儚さを愛でる日本人のメンタリティが、もはや若者の心に響かなくなったことが最大の原因だと推察する。

私はあの番組で涙し、技術者になった誇りを噛みしめたことが幾度となくあった。しかし、ホリエモンがもてはやされ、村上ファンドが脚光を浴び、マネーゲームで簡単に大金持ちになれると勘違いした若者たちが育ってしまった時期とオーバーラップしたのも事実である。まさに「ものづくり」が若者たちにとって魅力のないものに見えてくるようになった時期と重なったのだ。

学生たちの目が輝く

日産を退職してからも松久先生には懇意にしていただき、二〇一〇年からは京都大学工学部物理工学科の非常勤講師として、「ものづくりセミナー」の講座を分担している。毎年の日本のものづくりのトピックスを紹介しながら、学生たちに「日本のものづくりの楽しさ、ダイナミックさ、やりがい」について語りかけてきた。

学生たちのエンジニアリングへのモチベーションを高める役割を、松久先生の指示通りに担ってきており、二〇二二年で丸一三年に及ぶ。もうそろそろ許してもらえるのではないだろうか？　とも思う。

講義での毎年のトピックスは多岐にわたる。リニアモーターカーがマッハ2で走行する未来や、小惑星探査機「はやぶさ」の奇跡、地球深部探査船「ちきゅう」での資源調査で日本は将来、資源国になるのではないかと期待が膨らむ未来、さらには食料自給率を高めなければならない日本の水資源が一〇年後には枯渇するのをエンジニアリングでどうやって救うか、などのトピックスで話を進めると、学生たちも目を輝かせて将来を語り始める。

講義の中でマーケティングの基本についても話題にしたところ、マーケティングを真剣に勉強したいという学生も現れた。この講座の中でマーケティング基礎講座をやらせてもらえないかと学校側に依頼しているのだが、これが実現すると工学部としては画期的な授業になるはずである。

学生たちには「日本のものづくりの未来」と題したレポートを提出してもらっているが、毎年そのレポートを見るのを楽しみにしている。彼らの多くはエンジニアとして将来の技術を真剣に見極めようとしており、また自分たちの進むべき方向を信念をもって考えていることがよくわかる。

逆に、ものづくりに対する問題の指摘や提案をしてくる学生まで出てきて、時には驚くような気付きをもらうこともあり、後輩たちは逞しいじゃないかと、安心することもあった。

私が京都大学で授業をしてきたこの一三年間で実感したことは、日本には優秀な若者が多数育ってきており、競争力ある技術の新芽も数多く現れてきているということだ。これから先の日本のものづくりは、きっと面白く、楽しくなるだろうと期待する。

しかし気になることもある。日本の生産性の問題である。公益財団法人日本生産性本部が発表した「労働生産性の国際比較二〇二一」では、日本の時間当たり労働生産性はＯＥＣＤ

加盟三八ヵ国中二三位と下位に位置し、「価値が想像できていない」「ワクワクして働けていない」など、ものづくり現場としては致命的な状況にあることが報告されている。

産官に強く望むことは、将来の日本のものづくりのビジョン（将来像）を作り、それにチャレンジする多くの若者が育つ未来環境を整えてほしいということだ。少なくとも我々世代は、そのような日本のものづくりに携わってきた自負があり、責任があるからである。

日本電産で車載事業を立ち上げ

日産退職後の二年半は京都大学と芝浦工業大学で非常勤講師をしながら次のステップを模索したのだが、リーマン・ショックの直後であり、「日本のものづくりに貢献したい」という漠然とした目標に対して合致するものが自分の中に見出せないでいた。

やはりもう一度、ものづくりに直に手を染めてみたいと思っていたところ、日産時代の大先輩であり、当時の日本電産で副社長をされていた澤村賢志氏と設計部長をされていた西治正明氏からお誘いを受けた。

松久先生を筆頭に、多くの方々から猛反対されながらも、二〇一二年一月、私は日本電産に入社することになった。精密小型から超大型まで「世界ナンバーワンの総合モーターメーカー」の日本電産である。

今から思うと、多くの人に反対されたから入社したのではとも思うが、さまざまな場面で顔を出す自分自身の反発心に驚く。

ところがこれ以降、二〇二〇年九月に日本電産を退職するまでの約九年間が、私にとっては大変貴重な経験となり、日本のものづくりの奥深さを見つめた期間でもあった。

日本電産では二〇一二年四月から車載事業本部を立ち上げることになり、入社後は自動車部品事業の立ち上げに最初から参画することになった。

自動車部品事業はグローバルスタンダードプロセスであるＡＰＱＰ（先行製品品質計画‥製品を企画・開発し、量産に至るまでの手順やなすべき作業を、製品の品質を確保するという視点からまとめたもの）に基づいた製品開発を要求されるため、プロジェクトマネージメント（ＰＭ）を要にした業務運営を定着させる必要があり、「プロジェクト推進室」という名の機能部署を一から立ち上げた。

そして、四年間で日本電産車載事業本部の中核的な役割を担う部署（二〇一五年にプロジェクト推進部に昇格）に育て上げ、車載事業の発展に貢献することができたと自負している。

的を射た永守流の叱咤激励

私はここ日本電産でも多くのことを学んだ。とくに会長の永守重信氏の従業員に対する「叱咤激励」と、経営幹部に対する「罵詈雑言」は極めて明快で、的を射たアドバイスであった。

日本電産では収益、特に営業利益と利益率の目標が厳しく管理されており、毎月一度、第一土曜日に開かれる経営会議でもほとんどの議論がそこに集中する。四半期毎の締月で目標が達成されていないと、それこそ大変なことになるのだ。

何が何でも達成するように事業本部長を筆頭に幹部全員で、それこそ日足管理で収益目標を必死で達成していく活動を実施し、毎日のように永守会長から檄が飛ぶ。

達成できなかった暁にはそれこそ戦犯扱いで、名誉挽回（収益目標を達成）するまで戦犯扱いが解消されない事態となり、月一度の経営会議に出席する際、針のむしろに座らされている気持ちとなってしまう。

収益にここまで固執する経営スタイルは、ゴーン氏もそうだったが、永守氏はその遥か上をいくものであり、私はむしろ素晴らしい経営感覚だと思った。今となって思えば、収益に固執しない経営者がいたということ自体が信じられないことではある。

ただ残念なことに、収益に対して飽くなきこだわりを持つ経営者に対して、現場はというと、各事業部の収益計画はほとんどが気合の領域で高い利益率を達成していた。これはこれで驚くべきことであったが、事業のグローバル展開が進むとそう上手くはいかなくなるのは火を見るより明らかだった。

私が入社した当時は、利益目標達成のために各部門へ数値目標をタスク配分していないので、最後は結果を開いてみないとわからないという状況だった。事業計画と収益計画が連動しておらず、利益目標達成のPDCA（管理業務や品質管理の効率化を目指す手法）がまったく回っていなかった。永守会長の経営会議での怒りの源泉はここにあったのである。

ちょうどそのような状況で事業部としても活動の基本的な見直しが必要となってきた二〇一三年、呉文精氏が澤村氏の後任の形の副社長として日本電産に来られ、車載事業を担当されることになった。

私が直属の部下としての最初の面談で、上記の事業計画と収益計画のアンマッチの話となり、「事業部運営のためには、まずは利益計画のPDCAがきっちりと回る体制作りから始めよう」ということになった。

これらの作業は本来、各事業本部にある事業企画室の仕事であるが、当時はリソースもノウハウもなく、実力的にできる体制ではなかった。そこでゴーン氏の下でプロジェクトマネージメントを経験した私に、「君がやるしかないだろう！」と白羽の矢が立ってしまったわけだ。

プロジェクトマネージメントは経営計画と直結する

プロジェクト推進部では車載事業本部で扱う全プロジェクトのプロジェクトマネージメントをやっていたから、プロジェクト軸で収益とコスト管理の機能を追加し組み込めばよいだけなのであるが、馴染みのない人たちに理解してもらえるかということが最大の問題であった。

そこで、各部門（工場、購買、開発）にハンドリングしているコスト一覧表の作成を依頼、そのエクセル表上で各々のコスト目標と達成責任者を明確にし、それをタスクとして各責任者が目標を達成すれば収益目標が達成するという、一目瞭然の可視化をした。もちろん、達成しない場合の「原因」も明確にあぶり出すことができる。

あとはしつこく、厳しく各部と個人に割り振ったタスクの達成度のフォローをすれば、少なくとも経営会議直前で目標未達となり慌てるということはなくなる。これを呉氏とともに月一度の部門長ヒアリングで確認しながら、収益計画を各自の仕事一つひとつにブレークダウンしていったのである。

私は工場まで行ってこの表のコストをひとつずつチェックして、工場長と「握る」作業まででした。本社サイドが工場のコスト管理にまで口を出すのを普通は嫌がるものだが、幸いなことに各工場の責任者と幹部は大きな危機感を持っていたので、極めてスムーズに活動が遂行できた。やはり現場が強くて、問題意識の高い企業は成長する。

特に中国・大連の工場長は、私とまったく同じ認識で工場経営に危機感を持っていたので、最初はぎくしゃくしたが腹を割って話をすれば大変スムーズに事が進み始め、以降は同志として屈託なく話ができる関係になった。

私は年に二度、各工場に行く機会を設けていた。大連工場に行った日の夜は私たち二人の食事会がすでにセットされており、まさに待ち焦がれていた様子で、その夜は大いに日本電産の将来を語りあったものである。

残念ながら、その大連の工場長は三年前に事故で他界してしまった。それ以降の工場経営が心配である。

永守経営の神髄

永守氏は、こういう現場の状況は百も承知だったのだろう。私が入社するかなり以前より、「標語」で現場を引き締め、日本電産の現場が持つ最大の武器である「気合」を十二分に引き出して、収益管理を実行していた。

これは驚くに値することで、システムがあろうがなかろうが、経営目標を達成するために、未熟な企業体質がいまだ残る現場を自在にコントロールし、現場の気合を空回りさせないように「標語」を最大限有効活用していた。この「永守標語」でわかりやすく経営者の意図を現場に伝えて実行させ、創業以来の高い収益を維持し続けていたのである。

「永守標語」とは、「家計簿経営」「千切り経営」「井戸掘り経営」「情熱・熱意・執念」「すぐやる、必ずやる、出来るまでやる」「一番以外はビリ」である。

最初の経営三標語はさまざまな場で永守氏本人から紹介されており、それ以降の標語はお客さまをご案内するすべての会議室に、大きな額に嵌まって掲示されている（社外秘ではないだろうから、ここで紹介しても問題ないと思う）。

馴染みのお客様は自分の会社に帰って、実際に現場で活用していたようだが、これを使いこなせる経営者は永守氏しかいないので、どのように使われているかは日本電産の内部で仕事をしたものにしかわからないだろう。

これらの標語は知恵を絞ったからといって出てくるものではなく、経営者の直感である。創業者として現場の状況を見て直感的にそのゆるみを一言で引き締め鼓舞する経営理念である。

まずは「家計簿経営」。売り上げから目標利益を引いて（先取りして）、残りで経営（経費運用）を実行するという考えである。

「家庭でも、ローンと積み立て貯金を天引きしてから、残ったお金で生活するやろ。会社も一緒や」というのが永守氏の教えである。当たり前のことであるが、使った後の残った金が利益になる経営だと、経営目標が達成できなくとも仕方ないという曖昧さが残り、事業計画も絵に描いた餅になる。

これはシステマティックな収益・コスト計画がなくとも、現場の努力と気合で目標達成ができる（目標達成をさせる）考え方である。

永守氏はそこで甘やかさない、しっかりと歯止めをかけるのが永守流である。

次に「千切り経営」が登場する。たとえば、一〇億円の売り上げで収益計画を立てると、一つひとつの要素が大きくなりすぎて、最後はどんぶり勘定が出てきて破綻する。ところがこの一〇億円を一〇〇〇で割れば、一〇〇万円ずつの計画が一〇〇〇組できるので、所帯（間口）を小さくすれば精度は自ずと上がる。要は一〇億円を一人に任せないで、一〇〇人に一人一〇〇万円ずつ責任を持たせれば、大きな破綻にはつながらないことになる。

そして最後が「井戸掘り経営」。日本ではどこで井戸を掘っても水が出る。経営も同じで、経営者は諦めず掘り続ければいずれ水（成果）が出る。「家計簿経営」と「千切り経営」の後にはしつこく粘り強く井戸を掘れと、エールを送り叱咤激励するのである。

そのハッパのかけ方も、わかりやすく永守流に言うなら、「情熱・熱意・執念」であり、「すぐやる、必ずやる、出来るまでやる」ことが重要であると説く。

永守氏の言によれば、「本当は、死ぬまでやれ！　と言いたいが、死んでしまったらそれで終わりなので、出来るまでやる、だ！　わっはっは！」となる。

そして結果には手厳しい。

「一番以外はビリ」である。

一等賞を取るか、計画した目標を過達しなければ評価されないことになる。それゆえ役員は、いつ首を切られるか、いつ降格するか、絶えずびくびくする経営会議となる。凄まじい、素晴らしい日本の経営者である。

私は日本のものづくりを支える、たくましい現場を見た気がした。

私は二〇一七年から人事企画部に移り、新卒採用の最終面接官として、学生の合否判定を担当していた。そこで対面するのは、書類審査と人事面接をクリアして最終面接に臨む学生なので、そこそこの学力と見識を持っている。そのうちの一〇パーセントくらいの学生は、これらの標語に感動してぜひ御社で働きたいと言ってくる。面接要領の一環として発言する学生もいることはいるのだが、とくに「一番以外はビリ」に共感して働きたいという学生は、ほとんどが真剣であったことを思い出す。今の現場だけでなく、未来の従業員にまで浸透していく永守標語の魔力には、驚かされた。

厳しくもわかりやすい行動規範

二〇二二年の冬季オリンピックでは数多くのアスリートが活躍し、日本選手団として過去最高の成績を収めたことは記憶に新しい。残念ながら髙木姉妹の姉、髙木菜那選手（日本電産サンキョー）は魔の最終コーナーで転倒し、団体パシュート及びマススタートの両競技の連覇を逃してしまった。

四年前の冬季オリンピックでこの両競技の二冠に輝いた時、「世界一の負けず嫌い。会社の経営をやってもらいたいぐらい」と称えられた髙木選手は「会長の『一番以外はビリや』という言葉があって、一番になりたいという気持ちが出たからこその金メダルだった」と振り返った。

永守氏は報奨金四千万円を贈るとともに、三階級特進で髙木選手を係長に昇進させると明言した。まさに「一番以外はビリ」を体現するエピソードであったが、今年は報奨金どころか、髙木選手の所属する歴史ある日本電産サンキョーのスケート部の廃部が決まったことに衝撃が走った。

この結果は、髙木選手が「魔の最終コーナー」で転倒した時に決まったことだったと思う。「一番以外はビリ」を徹底的に実行する永守氏の強い意思表示でもあったと推察する。

しかし、一番になった人も表彰が終わればリセットされる。金メダルを取った人も永久シードされるわけではない。改めて全従業員が「一番以外はビリ」のスタートラインに平等に立って、競争が始まるのである。なんと厳しくもわかりやすい行動規範であることか。

これが「永守標語」の素晴らしくも恐ろしい内実であると、改めて痛感した。

向上心が人材を育てる

こういう哲学を持つ経営者が、とうとう大学教育にまで手を拡げた。二〇一八年三月、永守氏は、約五〇年の歴史を持つ京都学園（現・永守学園）の理事長に就任し、大学経営を開始したのである。

翌年には「京都先端科学大学」に名称を変更して、二〇二〇年四月には新たに工学部を設置し、将来、世界大学ランキングで日本トップクラスの大学となることを目指している。「一番以外はビリ」を、大学でも実践しようとするのである。

「二〇二五年には『関関同立』（関西大学、関西学院大学、同志社大学、立命館大学）を抜き、三〇年に京都大学を抜く。最後は米ハーバード大学、英ケンブリッジ大学も全部、抜きたい」との永守発言をマスコミは報じて、世間では賛否両論渦巻く騒ぎになった。しかし、報道では、そのあとの発言がカットされている。

「京都先端科学大学の改革は『偏差値を上げること』が目的ではない。教育の目的は、これまで日本の大学で教え育ててこなかった学生のやる気を高めること。一人ひとりのやる気を伸ばすことで、日本の大学のブランド信仰、偏差値信仰を打ち砕き、学んだことを社会に活かすことができる人材を輩出することが目標だ」

ひとつ付け加えさせていただくと、私も京大で学生のエンジニアリングに対するモチベーションアップを目的とした講座を担当してきており、「これまで日本の大学で教え育ててこなかった学生のやる気を高めること」は、京大でも、関関同立、早慶、ＭＡＲＣＨなどの首都圏大学でも、さまざまな工夫のもとで学生のマインドセット教育は実施されている。一概に今の大学教育を否定はできない。

経営会議でも永守氏は、「私は大ホラ吹きや！」と自嘲的に発言されることがたびたびあったが、それを額面通りにとらえると大間違いとなる。これは永守氏が人の驚くような高い目標設定をする時によく出る言葉で、本人は真剣に言われている。この大学での「一番以外はビリ」の実践も本気である。興味を持って見守りたい。

こうした日本電産での永守氏のエピソードを語ったのは、日本のものづくりの原点として大いに学ぶところがあったからだ。私の「日本のものづくりに貢献したい」というテーマのひとつの実例として永守流を紹介させてもらったが、日本電産の二〇三〇年売上一〇兆円の目標達成を、一人の永守ファンとして見守りたいと思う。

Zの復活ストーリーが日本の競争力を支える

日本電産でのプロジェクトマネージメントの仕事にもう一度戻ると、Zの開発経験は大いに役に立った。Z復活は、ルノー主導の新しい節目管理に基づいた開発プロセスと向き合いながら、それを最初に適用する成功例になるように効率よくPDCAを回して、結果としてZ復活というイノベーションを起こした。

私は日本電産ではその経験を生かして、日本電産にあったプロセスをこの節目管理に基づいて修正し、さらにそれをZ開発における成功体験によって検証しながら、新たなプロジェクトマネージメントプロセスを確立した。

二〇一二年に日本電産でプロジェクト推進室（のちに部に昇格）を立ち上げた当初は、五人しかいなかったプロジェクトマネージャーが、五年後には三〇名になるまで組織を拡大・強化した。

そして二〇一八年二月からは、呉氏が社長を務めていたルネサスエレクトロニクスでもこのプロジェクトマネジメントプロセスを一年半のあいだ適用し、半導体開発においてもこのプロジェクトマネジメントが必要機能であることを確認した。

自動車メーカー、電子機器メーカー、半導体メーカーでプロジェクトマネジメントの重要性とプロセスの適合性を検証できたことで、Z復活のストーリーが日本のものづくりのお手本になり得ると確信したのである。

私の半生を振り返ると、日本のものづくりが挑戦する者を決して裏切らない、意図ある者を成長させてくれる素晴らしい時代であった、と感じている。

東京大学未来ビジョン研究センター客員研究員の小川紘一先生からは、Zの復活ストーリーは、「感性に基づくものづくり論であり、日本の競争力を根底で支える位置取りになる」と、講演の講評の中で言っていただいた。この「感性に基づくものづくり論」の重要性が、閉塞する時代を切り拓くために、今後、増していくことを期待している。

顧客ニーズから社会的ニーズへ

自動車産業は一〇〇年目の大変革の時代に突入したと言われている。「CASE」という新しい技術革新が自動車の機能をコントロールし始める。CはConnected、Aは

Autonomous、SはShared、EはElectricの頭文字である。CASEを構成する四つの技術要素を組み合わせて、安全で快適で利便性の高い次世代のモビリティサービスを構築することが狙いだ。「CASE」はこれから自動車メーカーが生き残る戦略であり、自動車メーカーは自動車を製造販売する業態から、移動手段をサービスする業態へと変化することを、しかも短期間で変化することを要求されているのである。

簡単に言うと、これからのクルマはいろいろな情報機器と連動（Connected）してスマホ化し、自動運転化（Autonomous）と電動化（Electric）が進み、個人所有ではなくシェアリング（Shared）で使われることが多くなる、という世界観である。

自動車会社のものづくりは、カスタマーニーズの実現から、ソーシャルニーズの実現に移行していくのであり、そのモビリティサービスは誰がリーダーシップを取ることになるのか、誰が「Intel Inside」のようなコピーを謳えるのか、という混沌とした覇権争いの真っただ中にあるように見える。自動車会社でスポーツカーを担当した私から見ると、まったく未知の世界である。

しかし、「だからこれからはまったく違ったものづくりの展開が必要になるのか？」と言うと、そうではないと考える。私の経験から言えることは、プロジェクトマネージメントとは、突き詰めれば顧客のニーズであるQCD（Quality：品質、Cost：費用、Delivery：納期）を効率よく、短期間で、高次元に実現する方法論なので、ものづくりの対象となるハードウェアが変化しても、車づくりのソリューションが変化しても、プロジェクトマネージメントは必ず必要となる。

私の次のテーマは、日本電産とルネサスエレクトロニクスでのものづくり経験を通して、プロジェクトマネージメントがものづくりのキーツールであることをとらえ直すことである。そしてその先に、これからの日本のものづくりに貢献できればと願っている。

あとがき

この本は、一九九九年に経営難の末にルノー傘下に入った日産の中で、日産復活のシンボルとしてフェアレディZを開発した日産開発現場の誇りと闘いを、リアルドキュメントとしてまとめ上げたものである。

当時、日産の開発現場では自分たちの存在をかけた熱い闘いがあり、悪戦苦闘するエンジニアが多数いた。それはまさに綿々と続いてきた日産のものづくりであり、そのマインドこそが日産で働く者のモチベーションであった。

まもなく七代目となる新型フェアレディZが世に放たれる。私はその先代・先々代の開発の記録を残すべきだという、強烈な使命感に駆られた。

良くも悪くも、そういう先輩たちがいたことをドキュメントとして残すことが、二世代のZ（Z33、Z34）の開発リーダーとして現場を指揮した私の役割であり、二〇世紀最後のクルマづくりをした我々日産マンの資産（DNA）だと思うからである。

このDNAが、今の日産開発現場でもがいている若いエンジニアへのエールになればと願ったものでもある。

自動車産業で働くすべての人々、さらには日本のものづくりに携わるすべての人々に、Z復活のディープストーリーに共感いただければ幸いである。

最後に、日産においてエンジニアリングが極めて難しくなった時代にもかかわらず、Z復活という難課題を一緒になって取り組み達成した同志と言うべき、当時の日産のすべての従業員の皆さんに、心からの感謝と敬意を表したい。

そして、このリアルドキュメントを記録として残したいという私の強い要望に応えて出版に向けてご尽力くださったモーターマガジン社の森田浩一郎さんと、丹念な編集で価値ある一冊に仕立ててくださった講談社の木原進治さんに、心よりの謝意を申し上げる。

主要参考文献

『Z（ズィー）カー』（片山豊、財部誠一著、2001年、光文社新書）

『フェアレディ Z Story & History Volume. 1』(2019年、株式会社モーターマガジン社)

『フェアレディ Z Story & History Volume. 2』(2021年、株式会社モーターマガジン社)

湯川伸次郎

1952年、京都市生まれ。1976年、京都大学工学部機械学科卒。1976年、日産自動車入社。1998年に商品主管(開発責任者)就任、2000年には商品企画室チーフ・プロダクト・スペシャリストとなり、2002年発表のフェアレディZ5代目、2008年発表の同6代目を手掛け、大成功をおさめる。2009年に日産を退社後、日本電産にて車載事業を立ち上げ、プロジェクトマネージメントを推進し、永守重信会長の薫陶を受ける。2020年に日本電産を退社。現在は経営コンサルティングのかたわら、母校の京都大学工学部にて非常勤講師を務める。

講談社+α新書 859-1 C

2002年、「奇跡の名車」フェアレディZはこうして復活した

湯川伸次郎

2022年8月17日第1刷発行

発行者——鈴木章一

発行所——株式会社 講談社

東京都文京区音羽2-12-21 〒112-8001

電話 編集(03)5395-3522

販売(03)5395-4415

業務(03)5395-3615

デザイン——鈴木成一デザイン室

写真——株式会社モーターマガジン社

カバー印刷——共同印刷株式会社

印刷——株式会社新藤慶昌堂

製本——牧製本印刷株式会社

ISBN978-4-06-529389-8

講談社+α新書

タイトル	著者	内容	価格	番号
志ん生が語る クオリティの高い貧乏のススメ 昭和のように生きて心が豊かになる25の習慣	美濃部由紀子	ＮＨＫ大河ドラマ「いだてん」でビートたけし演じる志ん生は著者の祖父、人生の達人だった	924円	805-1 A
精日 加速度的に日本化する中国人の群像	古畑康雄	日本文化が共産党を打倒した!! 対日好感度も急上昇で、5年後の日中関係は、激変する!!	946円	806-1 C
6つの脳波を自在に操るＮＦＢメソッド たった1年で世界イチになるメンタル・トレーニング	林愛理	スキージャンプ年間王者・小林陵侑選手も実践。リラックスも集中も可能なゾーンに入る技術!!	968円	807-1 B
古き佳きエジンバラから新しい日本が見える	ハーディ智砂子	遥か遠いスコットランドから本当の日本が見える。ファンドマネジャーとして日本企業の強さも実感	946円	808-1 C
戦国武将に学ぶ「必勝マネー術」	橋場日月	生死を賭した戦国武将たちの人間くささて、ユニークで残酷なカネの稼ぎ方、使い方!	968円	809-1 C
さらば銀行 「第3の金融」が変えるお金の未来	杉山智行	僕たちの小さな「お金」が世界中のソーシャルな課題を解決し、資産運用にもなる凄い方法!	946円	810-1 C
ＩｏＴ最強国家ニッポン 日本企業が4つの主要技術を支配する時代	南川明	レガシー半導体・電子素材・モーター・電子部品……ＩｏＴの主要技術が全て揃うのは日本だけ!!	968円	811-1 C
がん消滅	中村祐輔	最先端のゲノム医療、免疫療法、ＡＩ活用で、がんの恐怖がこの世からなくなる日が来る!	990円	812-1 B
定年破産絶対回避マニュアル	加谷珪一	人生１００年時代を楽しむには? ちょっとのお金と、制度を正しく知れば、不安がなくなる!	946円	813-1 C
危ない日本史	本郷和人 ＮＨＫ「偉人たちの健康診断」取材班	明智光秀はなぜ信長を討ったのか。石田三成の遺骨から復元された顔は。龍馬暗殺の黒幕は	946円	814-1 C
日本への警告 米中ロ朝鮮半島の激変から人とお金が向かう先を見抜く	ジム・ロジャーズ	日本衰退の危機。私たちは世界をどう見る? 新時代の知恵と教養が身につく大投資家の新刊	990円	815-1 C

表示価格はすべて税込価格(税10%)です。価格は変更することがあります

講談社＋α新書

起業するより会社は買いなさい　サラリーマン・中小企業のためのミニM&Aのススメ
高橋　聡
定年間近な人、副業を検討中の人に「会社を買う」という選択肢を提案。小規模M&Aの魅力
924円　816-1　C

「平成日本サッカー」秘史　熱狂と歓喜はこうして生まれた
小倉純二
Jリーグ発足、W杯日韓共催——その舞台裏にもまた「負けられない戦い」に挑んだ男達がいた
1012円　817-1　C

メンタルが強い人がやめた13の習慣
エイミー・モーリン
長澤あかね 訳
一番悪い習慣が、あなたの価値を決めている！最強の自分になるための新しい心の鍛え方
990円　818-1　A

メンタルが強い子どもに育てる13の習慣
エイミー・モーリン
長澤あかね 訳
子どもをダメにする悪い習慣を捨てれば、〝自分を律し、前向きに考えられる子〟が育つ！
1045円　818-2　A

人間関係が楽になる 神経の仕組み **脳幹リセットワーク**
藤本　靖
わりばしをくわえる、ティッシュを噛むなど、たったこれだけで芯からゆるむボディワーク
990円　819-1　B

もの忘れをこれ以上増やしたくない人が読む本　脳のゴミをためない習慣
松原英多
今一番読まれている脳活性化の本の著者が、「すぐできて続く」脳の老化予防習慣を伝授！
990円　820-1　B

全身美容外科医　道なき先にカネはある
高須克弥
「整形大国ニッポン」を逆張りといかがわしさで築き上げた男が成功哲学をすべて明かした！
968円　821-1　A

世界のスパイから喰いモノにされる日本　MI6、CIAの厳秘インテリジェンス
山田敏弘
世界１００人のスパイに取材した著者だから書ける日本を襲うサイバー嫌がらせの恐るべき脅威！
968円　822-1　C

空気を読む脳
中野信子
日本人の「空気」を読む力を脳科学から読み解く。職場や学校での生きづらさが「強み」になる
946円　823-1　C

生贄探し　暴走する脳
中野信子
ヤマザキマリ
「世間の目」が恐ろしいのはなぜか。知っておきたい日本人の脳の特性と多様性のある生き方
968円　823-2　C

ソフトバンク崩壊の恐怖と農中・ゆうちょに迫る金融危機
黒川敦彦
巨大投資会社となったソフトバンク、農家の預金等１０８兆を運用する農中が抱える爆弾とは
924円　824-1　C

表示価格はすべて税込価格（税10%）です。価格は変更することがあります

講談社+α新書

自壊するメディア	望月衣塑子 五百旗頭幸男	メディアはだれのために取材、報道しているのか。全国民が不信の目を向けるマスコミの真実	968円 844-1 C
認知症の私から見える社会	丹野智文	認知症になっても「何もできなくなる」わけではない！　当事者達の本音から見えるリアル	880円 845-1 C
岸田ビジョン　分断から協調へ	岸田文雄	全てはここから始まった！　第百代総理がその政策と半生をまとめた初の著書。全国民必読	946円 846-1 C
「定年」からでも間に合う老後の資産運用	風呂内亜矢	自分流「ライフプランニングシート」でそこそこ働きそこそこ楽しむ幸せな老後を手に入れる	946円 847-1 C
超入門　デジタルセキュリティ	中谷昇	6G、そして米中デジタル戦争下の経済安全保障において私たちが知るべきリスクとは？	990円 848-1 C
60歳からのマンション学	日下部理絵	マンションは安心できる「終の棲家」になるのか？「負動産」で泣かないための知恵満載	990円 849-1 C
2050　日本再生への25のTODOリスト	小黒一正	人口減少、貧困化、低成長の現実を打破するために国家がやるべきたったこれだけの改革！	1100円 850-1 C
民族と文明で読み解く大アジア史	宇山卓栄	国際情勢を深層から動かしてきた「民族」と「文明」、その歴史からどんな未来が予測可能か？	1320円 851-1 C
世界の賢人12人が見た ウクライナの未来　プーチンの運命	クーリエ・ジャポン 編	ハラリ、ピケティ、ソロスなど賢人12人が、戦争の行方とその後の世界を多角的に分析する	990円 852-1 C
「正しい戦争」は本当にあるのか	藤原帰一	核兵器の使用までちらつかせる独裁者に世界はどう対処するのか。当代随一の知性が読み解く	990円 853-1 C
絶対悲観主義	楠木建	巷に溢れる、成功の呪縛から自由になる。フツーの人のための、厳しいようで緩い仕事の哲学	990円 854-1 C

表示価格はすべて税込価格（税10%）です。価格は変更することがあります